iHuman

成为更好的人

悲伤的力量

GRIEF WORKS

[英] 朱莉娅·塞缪尔 著　　黄菡 译

GUANGXI NORMAL UNIVERSITY PRESS
广西师范大学出版社
·桂林·

悲伤的力量
Beishang de Liliang

著作权合同登记号桂图登字：20-2018-032 号

图书在版编目（CIP）数据

悲伤的力量 /（英）朱莉娅·塞缪尔著；黄菡译．—桂林：广西师范大学出版社，2018.11（2019.1 重印）
书名原文：Grief Works
ISBN 978-7-5598-1199-8

Ⅰ．①悲… Ⅱ．①朱…②黄… Ⅲ．①心理状态—自我控制 Ⅳ．①B842.6

中国版本图书馆 CIP 数据核字（2018）第 217663 号

广西师范大学出版社出版发行
（广西桂林市五里店路 9 号　邮政编码：541004
网址：http://www.bbtpress.com）
出版人：张艺兵
全国新华书店经销
北京盛通印刷股份有限公司印刷
（北京经济技术开发区经海三路 18 号　邮政编码：100176）
开本：787 mm × 1 092 mm　1/32
印张：11.5　　字数：217 千字
2018 年 11 月第 1 版　　2019 年 1 月第 2 次印刷
定价：78.00 元

谨以此书献给

迈克尔、

娜塔莎、埃米莉、索菲和本杰明，

挚爱如初。

有爱就有痛。但也只有爱能治愈因爱而来的痛。

——朱利欧·兰斯洛提（Julio Lancelotti）神父

致中国读者

作为丧亲心理辅导师，我已经在西伦敦的小办公室工作了几十年，期间我接待过来自世界各地的痛失亲人的人。我记得一位年轻的中国女士，她沉浸在女儿去世的悲伤中，她的沉默表达了比言语更多的东西。她与我面对面坐着，低着头，没有眼泪滑下她的脸颊，但源源不断地传递出失去幼小女儿让她承受的巨大冲击。我认识到，这是一种前所未见的无声无形的悲伤，我们的表达方式各不相同，但是，人与人之间失亲的感受是相似的，无论他们来自世界的哪个地方。

因此，我带着无与伦比的激动心情看到这本书即将在中国出版。中国是我十分崇敬的国家，这种感觉就像我的话语如有魔法一般跨越地域传到你的耳边。

我怀着极度的欣喜与自豪，正在为你写下这些文字，你读着我的书，而我想要跟你挥挥手，说一声“你好”。我渴望更多地了解你：你住在哪里，你做什么工作，发生了什么事让你来阅读我的书。我希望这本书能连接你我，一如我写这本书的初衷：在读过别人的这些故事之后，能帮助你更深刻地理解你自己，以及或许更重要的是认识到，与悲伤共处是孤独而痛苦的事情，如果我们能得到家人、朋友的帮助，就能找到忍受悲伤的方式。同时，我们将永远铭记逝去的人们，随着时间的过去，我们能够重新找到生活中的爱与乐。

穿越千山万水，我希望你能听见我的声音，并且在未来的岁月里回顾我的话语，或许重读某个章节，又或许能提醒你怎么做对你自己有帮助。也许你会把这本书赠予一位友人，而它会抚慰朋友的悲伤。

我最大的心愿，就是希望当你买下这本书的时候，它能不负你的期望。

送上我最温暖最美好的祝福。

朱莉娅·塞缪尔

伦敦，2018 年 6 月

To Chinese Readers

In my role as a bereavement counsellor I have sat in my small room in West London for decades, and met people who are bereaved, from many corners of the world. I remember a young Chinese woman who was grieving the death of her daughter, whose silence told me more than her words. She would sit opposite me, her head down, no tears running down her cheeks, but transmitting great waves of loss for her little girl. I realised anew how grief is invisible, and we may all show it in different ways; but the experience of the loss is similar between one person to another, wherever their place of birth maybe.

For that reason I could not be more excited that my book is being published in China, a country I have great respect for. It does feel like a kind of magic that my words can travel across the world to you. As I write to you now, I imagine with great pride, you reading my book, and I want to wave hello. I would like to know more about you, where you live, what you do, what has happened that has led you to read my book. I hope it will connect to you, in the way I intended when I wrote it; to help you understand yourself by reading the stories of others, and perhaps more importantly, realising that whilst grief is a lonely painful business, if we reach to our family and friends we can find a way of bearing it. Whilst we will always remember the person who has died, over time, we can find love and joy in life again.

Across the thousands of miles between us, I hope you hear my voice, and return to my words in the years ahead, perhaps to revisit a particular section, or remind yourself what you can do that helps. Maybe you will give it to a friend, and it will console them, in turn.

Above all my wish is that this book answers your hopes for it, when you bought it.

I send you my warm best wishes.

Julia Samuel

London, June 2018

译者序｜对于死亡，我想了解和谈论

2017年5月，企鹅兰登出版社的王怡翾女士联系到我，邀约我翻译《悲伤的力量》一书。这是近些年来我接受得最爽快的工作。

在《非诚勿扰》的某期节目中，当一对幸运的男女嘉宾牵手离开时，我照例有一两句感言，忘了那次是因为具体的哪一点而感慨，我说了大意如下的话："人生千差万别，有时会让人觉得如此不平等，但人生中至少有两件事情，在它们面前人人平等——爱情和死亡。"我当时想表达的意思是，人人都无法抵御爱情来临时的攻城略地，正如人人最终都要降服于死亡。节目播出后，有个观众在我微博上评论道（大意如下）："你怎么能在别人牵手的大喜时刻说到死亡，这是多么可怕的事情啊。”我看到这条评论先是有点儿心惊，对呀，我怎么这么不小心地煞了风景，我仿佛真的从这条评论的几个字里看到了可怕的事情和恐惧的情绪。继而我又思考，我们对死亡是多么敏感，那位观众能够在众声喧哗中敏锐捕捉到这个字眼，而我竟然在看起来完全无关的场景和话题中联想到这个意象。后来我似乎有点儿明白，在许多文化里，死亡是一个敏感到成为禁忌的话题，是“房间里的大象”：“意指所有那些触目惊心地存在着却被明目张胆地忽略甚至否定的事实或者感受……在一个电视相亲节目中，嘉宾们七嘴八舌分析某个相亲失败的男人哪句话说错了，哪个表情不当，却绝口不谈他的职业是厨师或者鞋匠的事实，这时候，电视屏幕里站着一只大象。”[1]

对于那些极其可怕的事情，我们谈还是不谈？

个人生活里遍布着这些“可怕”的事情：天生残障、父母虐待、老师歧视、校园霸凌、学习障碍、升学失败、未婚先孕、恋人分手、配偶出轨、意外怀孕、关系恶化、

1【美】伊维塔 · 泽鲁巴维尔（Eviatar Zerubavel）著，胡缠译，《房间里的大象》，重庆大学出版社（2013 年出版）第 2 页。

背叛伴侣、离婚、中年危机、性功能障碍、健康恶化、失亲、失业、经济危机、生意失利、职场压力、药物成瘾、酗酒、意外事故……还有，更大的悲剧，天灾、战争、暴政、社会动荡。

对于这些“可怕”的事情，我想去了解和谈论。

1988 年秋，我结束了南开大学社会学系本科阶段的学习，开始做社会心理学方向的研究生，师从乐国安先生。乐老师交给我的第一个研学项目是翻译一本名为《临终关怀心理学》的英文书籍。因为种种其实我也不甚了了的原因，虽然我完成了翻译，但该书最终未能出版。那是我第一次以研究的目光接触死亡这个命题，它留给我的印象是艰难、复杂、混乱、迷茫、无助。无论是临终者还是经历了失亲之痛的遗属，他们都需要得到帮助，起码是恰当的理解。而在那时的生活经验中，临终者总是被简单安慰，在我看来简直几近糊弄，“没事的，马上就会好起来，过些天就可以回家了”; 同时，遗属们总是被粗糙地鼓励，“节哀顺变，保重自己，忘掉过去，迎接明天”。这恐怕源于我们从不或者疏于谈论这个问题，也难于思考这些可怕的事情，所以事到临头便不知所云，不如失语。

2011 年 9 月最后一天，我随《非诚勿扰》节目组从南京去到北京，准备参加第二天的节目录制。我入住酒店是晚上八点左右。十点左右，接到家里电话，先生的口气急促而又克制，他说：“你不要着急，但是你要做好准备，你爸可能不行了……”

父亲是当天早晨住院的，不是因为生病，是为了体检。他那年 83 岁，除了些貌似无关大碍的老年病，仍像以往一样身体健康，精神矍铄。夏去秋来，他打算全面检查一下身体，做些针对性的调理和保健，为了免于来回奔波所以选择了住院。就在当天晚上，他突发大面积心肌梗塞，从对护士说“我难受”，到心脏停止跳动，大概不超过一个小时。因为毫无防备，所以他离开的时候，身边没有一个亲人。所以家人赶到医院的时候，面对的是他的遗体。所以当时我只能在电话里跟已然离去的父亲告别。

我将永远无从得知，弥留之际，父亲感到了什么，他想要我为他做什么。

也许，我将永远不能停止想象：弥留之际，他感到极大的孤独与恐惧，他想要对视到亲人的目光，感觉到亲人的抚摸。

得知《悲伤的力量》的主题是“面对死亡”，我几乎是立刻决定接受这个翻译工作。与我的初想不同，这本心理辅导书更多的并不是直接给出疗愈失亲创痛的理论、原则、方法，而是不厌其烦地记述她和案主面谈与交往的每一个细节，不同的关系，不同的故事，不同的过程，相同的是，我们都要走过这一段黑暗的泥泞之路。有人幸运些，有手相牵，有灯引路；有人艰难些，孤单无靠，四顾茫然，朱莉娅·塞缪尔就是在这个时候出现的。她不能指明你的出路，也不能代替你走过你的必由之路，但她可以以专业的姿态和共情的步履伴你左右。当我们在人生中寻求突围，旁人能做的也无非如此了。“如果作为人类注定就是受限的，那么，医护专业和机构……理应协助人们搏击这些局限。有时候，我们可以提供疗愈，有时候只能提供慰藉，有时候甚至连这一点都做不到。但是，无论我们能够提供什么，我们的干预，以及由此带来的风险和牺牲，只有在满足病人个人生活的更大目标时，才具有合理性。”[1]

《悲伤的力量》给了我直面死亡问题的力量。

谢谢企鹅兰登出版公司和王怡翾编辑给我这个机会。

谢谢袁拾梦同学，此书翻译过程中她帮助我做了很多重要工作。我们愿以此书寄托我对父亲和她对外公的哀思。

1【美】阿图 · 葛文德（Atul Gawande）著，彭小华译，《最好的告别》，浙江人民出版社（2015 年出版）第 237 页。

目录 | *Contents*

绪论 | *Introduction*

安妮，我接待的第一位咨询者，她住在伦敦一幢高层住宅的顶楼，就在哈罗大道的后面。那时候她将近七十岁，女儿特蕾西的死亡——她在平安夜驾车与一辆卡车正面相撞——让安妮深受打击。安妮房间里充斥的烟味和燥热，那个三根电热棒的取暖器和她激烈狂暴的悲伤，时至今日，这些在我心中一如二十五年前一般清晰。那时候我是当地一个失亲服务组织的志愿者，只接受了十个晚上的培训，就坐在了安妮面前。我对她所经历的不幸感到手足无措和恐惧，但同时，我也有些兴奋，因为我发现自己找到了余生想要从事的工作。

安妮让我明白了一个后来在数百人身上被一再证

明的道理：我们需要尊重和理解悲伤的过程，承认悲伤的必要性。悲伤不是医学康复模型里那种可以靠斗争去克服的东西。作为人类，我们会本能地逃避痛苦，但是，与我们的直觉相反：要治愈悲伤，首先要允许自己感受伤痛。我们需要在这个过程中学会在悲伤中支撑下去的办法，因为悲伤是无法逃避的。安妮不肯正视女儿离去的真相，用酗酒来逃避现实，与那些希望她振作起来的亲友们争吵。最后迫使她接受深爱的女儿离去的现实并继续生活下去的，却恰恰是这种痛苦——但是这需要一个过程。

死亡是最大的禁忌，死亡带来的悲伤也被深深误解。我们可以轻松地谈论性或失败，或者展示我们心灵深处的脆弱，但是谈到死亡，我们总是沉默。死亡如此令人恐惧，甚至陌生，我们很多人根本无法找到合适的语言去表达它。这样的沉默导致了一种无知，让我们得以避免对他人和自己的悲伤做出回应。我们希望看到失亲者忍住悲伤，感叹他们竟能“如此坚强”。但即使我们用诸如“去世”“逝去”“去了更好的地方”等说法来否认死亡，现实仍然很残酷：我们的社会在面对死亡时很无奈。我们被迫面对死亡，那种失控感和无力感与二十一世纪的“医学可以治愈我们；如果不可以，足够的意志力也可以”的信念是相悖的。

每一天有无数的人死去，以意料之中或意料之外的方式。仅在英格兰，一年就有五十万人死去。平均来说，一个人死亡至少会影响五个人，这意味着上百万的人会被讣闻打击。他们会永远记得他们在哪里听到了父母、兄弟姐妹、朋友、孩子即将死去或者已经死去的消息。这个消息会影响他们余生生活的方方面面，并最终不可避免地改变他们与自己的相处方式。他们在多大程度上处理好悲伤的情绪，会反过来影响到他们身边的朋友和家人。

我们感受到的痛苦是无形的，它是根据我们对逝者的爱的程度所形成的或大或小的隐形伤口。我们会为突如其来或者预料之中的死亡而悲伤，但不管是哪一种，我们抬头望见的依旧是死亡事件发生前的那一片天空，但从镜中窥见的自己已然改变。看着自己的照片，我们会对自己曾经的天真笑容感到讶异。死亡是个巨大的揭示者：它迫使暗藏的裂纹和潜伏的秘密走向公开，它让我们意识到身边亲近的人对我们有多么重要。但是我们身边的人却不一定理解我们经历的事情多么复杂或者我们正在承受的伤痛多么深重。

我看到的普遍情况是：真正伤害着一个人（如安妮）、一个家庭，甚至一代人的并不是悲伤所带来的痛苦本身，而是他们为了逃避痛苦所做的事情。处理悲伤需要我们做出生理与心理上的多种层面的努力。我们无法独自完成所有这些努力。在痛失至爱中幸存的关键是来自他人的爱。有了他们的支持，我们才可以去努力学会忍受痛苦，离开逝者继续活下去——敢于向前迈步，重新相信生命。

在我的专业领域里，有大量经过深入研究的实用策略和心理学解读，这些对处于悲伤中的人来说是极为重要的。作为一个心理治疗师，我见证了这类知识可以怎样帮助那些失亲者，避免其因为不恰当的援助而遭遇更坏的结果。研究表明，15% 的精神疾病转诊是因为悲伤没有被处理好。关于死亡的恐惧和随之而来的悲伤大部分是源于知识的匮乏，这本书的目的就是处理这种恐惧并且以信心取而代之。我希望人们明白悲伤是我们必经的过程，并且，经验告诉我，悲伤是一项作业，是极为沉重的苦工。但如果我们承担它，它就能为我们效劳，令我们得以痊愈。经历一个自然的悲伤的过程，我们或许会因为某种支持而能够更好地面对日常生活，我希望这本书就能提供这样一种支持。

在这本书里，你会读到关于悲伤的很多案例分析，都建立在真实人物经历的基础上。虽然我把它们按照主人公与逝者的身份关系分组编辑起来（比如丧偶、丧亲、手足之殇或丧子），但每一个案例无疑都是独一无二的。这些故事向我们揭示，我们需要更了解自己内心正在发生的一切，必须学会识别自己的情感和动机，并渐渐真正地认识自己。如果我们要适应失去亲友这个新的现实，那么这就是必要之举。悲伤的出现不是按部就班的，它不是一件我们可以忘记或者抛至身后的事情，它是一个本身就带有能量的个体化过程，要求我们找到处理恐惧和痛苦的方法，还要适应一个新的自己，我们的“新的常态”。大部分人总能找到办法来承受这令人难以承受之事，这正说明，在重建自己的生活这件事上，我们有惊人的进化力。

虽然这些案例分析是以我与每个人的心理咨询关系为框架书写的，但是重点却更着眼于悲伤本身而非心理治疗。这些案例向我们展示，倾听一个人与跟他对话同等重要——一个人在诉说自己的故事时被充分倾听的力量不容小觑。倾听绝不只是专业治疗师的专属能力，它是我们每个人都能够掌握使用的。我们甚至会惊讶于朋友向我们倾诉了多少东西，以及我们的耐心倾听对他们是多大的帮助。

在我们的面谈里，我的来访者会深入探讨他们在经历失亲之前对生命的设想、对世界的理解。他们努力组织语言去描述之前从未说出口的事情，他们有了自由，因为无须为了保护我而回避他们最真切的痛苦、最深层的恐惧和最糟的想法。他们述说他们的忧虑、当下关注的事情，感到轻松一些，从而也找到了与自己相处的新方式。他们会剖析可能激战正酣的几个“自我”，或那些挑剔自己一举一动的内心低语。他们获得了空间，去发现自己对外界的防御背后到底是什么：这些防御或许保护过他们，现在却在阻挠他们。他们会更加彻底地袒露自己，学会对自己的某些地方妥协，比如他们像父母的地方——那些他们心生厌恶又或不由自主模仿的行为。有些情感会悄然无声地将人绑缚成茧。拥有一个放置这些纠结情感的处所，一个能化解这些情感而后让人寻求现实的处所，有时候能够减轻由纯粹的悲伤引起的痛苦。

在每章最后的“反思”部分，我写了关于如何对待这种失去的更多思考，以及一些关于故事中出现的主题的现实情况和辅导建议。同时，我也为读者提供了大数据统计，证明失亲者应该学会消除错误的印象——以为悲伤将压垮他们。阅读与你的生活经历并不直接有关的章节可能更能帮助你发现，在面对亲人的死亡时，每个人都会经历同样的过程，当一个人哀悼与我们毫无瓜葛的死亡时，我们甚至会在他身上惊讶地看到自己的影子。

因为我们对悲伤的看法根植于英伦文化里，我简单概括了我们的看法从维多利亚时代到今天有了怎样的变化，当然有些昔日的惯例，在今天不沿袭下去的话可能更糟。关于友情的部分囊括了我一直以来累积的对于友情之重要性的见解。朋友在一个失亲者的恢复过程中所扮演的重要角色，我怎么强调都不为过，哪怕他们带来阻力的可能性与给予帮助的可能性一样大。最后一章探讨了我们可以如何帮助自己，详见“力量支柱”（pillars of strength）图。

我希望这本书成为一份可以被反复阅览的资料。我希望人们能理解自身以及他们关心的人的悲伤。我希望这本书可以被家人或朋友用来令失亲者确信生活可以重建，信任可以加深。我们可能不再盲目地怀抱希望，我们可能总有些时候会感受到失去的痛苦，但我们所获得的对自我更深入的理解，终会令我们有成长之感。

理解悲伤 | *Understanding grief*

| 悲伤是什么？

悲伤是一种对待失去的情感反应，在本书里，特指对死亡。哀悼是我们被迫调整自己去适应斯人已逝的世界的过程。就像本书说明的那样，悲伤是一个高度个人化、自相矛盾、混乱和无法预测的内心过程。如果想控制它，就需要理解并学会与这样的核心悖论共处：我们必须学会伴着事与愿违的现实来生活。

这迫使我们面对自己的死亡，我们一辈子都在否认它，通常通过建立秩序来对抗它——因为如果有了秩序，就有了预期，更重要的是，有了控制。死亡打破了控制，对我们施以它残酷的终极力量，而正是这个现实令我们感到如此难以接受。

面对悲伤，我们需要找到一种方法来忍受失去的痛苦，而不是对抗或者阻隔。为此，我们需要来自家人和朋友的支持和爱，以及理解这个过程中发生的事情。

| 悲伤的过程

每个人都会讨论悲伤的过程，这是一个内在反应跟外在反应同样多的过程。通常我们用一座冰山来比喻它：海平面以上那些被看到的——我们的话语、我们的样子和我们的表达——只占整体的三分之一。隐藏在海平面以下的，是一场失去的痛苦与生存的天性之间的“拔河大战”。这是一个来回往复于失去与恢复之间的动态过程。伤悲、眼泪、呜咽和对于逝者的深切关注，与当下生活里的事务相切换，这些事务维持着日常的运作，让人从悲伤中缓过神来，对未来产生希望。随着时间流逝，我们逐渐适应了死亡的真相，随着这种适应，我们在情感上也稍稍缓过来，能够全心投入当下的生活。这个过程既是有意识的也是无意识的，一开始心理挣扎十分激烈，但当我们学会更好地管理悲伤，后面会越来越容易度过。

丨悲伤的悖论

悲伤的悖论是，学会带着痛苦活下去正是治愈我们的方法。应对悲伤并不需要埋头于理论；需要的是在悲伤来袭时（它通常有如风暴肆虐）忍受它，然后通过分分神，投入日常的繁忙中或做一些可以带来安慰和平复心情的事情——来缓一口气。我们总是在这两极来回摇摆，适应我们不想面对的事实：我们爱的人已经不在了。

悲伤的本质是，死亡迫使我们面对一个我们本能回避的事实。我们经常用习惯性的行为将这个无法解决的矛盾所造成的痛苦拒之身外，但是，这可能帮助我们，也可能伤害我们。

痛苦是改变的契机。这是一个很难理解的概念。

但我们知道，如果一切按部就班，我们都很满意的话，我们不会有动力去改变任何东西。如果相反，我们在日常生活中不断被不安、厌倦、愤怒、焦虑或者恐惧等情绪折磨的话，通常我们会问自己出了什么问题：是我们的人际关系还是工作出了问题？我们需要改变什么才能重新感到满意，甚至快乐？当一个人死亡，改变被强加于我们，我们感受到更大的痛苦，这种痛苦强迫我们去适应已经变得不同的外在和内心世界。

最伤害我们的往往是那些我们试图逃避痛苦的行为。我们童年发展出的逃避精神痛苦的行为会自动成为我们后来应对困难的方法。这些默认的行为是否有用因人而异。有烦恼时，与朋友交流是正面行为，用酒精麻痹自己是负面行为。我们的任务是分清哪些是正面行为，哪些是负面行为，同时学习新的行为以提高我们忍受和表达痛苦的能力。

尽管我们知道逝者已去，但仍会觉得音容宛在。我们想象他们的身体依然在世，我们疑惑他们是否感到孤独、寒冷或者恐惧；我们在自己的思想里与他们对话，让他们在生活中大大小小的事情上给我们指引；我们在街上寻找他们，通过听他们爱听的音乐或者闻他们的衣服与他们相联结。逝者存在于我们的生活里，但同时，并不是以肉身形式存在。我们可能感觉到这是一段正在继续的关系，但同时，我们明白其中不会再有任何事情发生。如果我们不能认识到甚至否认这个事实，我们的内心会变得混乱而不平衡。但是如果我们理解了这一点，几近吞没我们的情绪却会变成一种安慰。

我们要学会在“放下”和“不放”之间转换。葬礼和扫墓之类的仪式体现了“放下”——承认逝者的肉身不再存在。人们以为必须彻底忘记自己所爱的人，随后又被遗弃了他们的罪恶感折磨；但其实我们与逝者的关系仍在继续，尽管方式完全不同。

死亡偷走了我们对未来的期望，但却带不走我们曾经拥有的关系。我们与逝者的联结在本质上被我们的记忆所维持。这些记忆也许是我们拥有的最宝贵的礼物。它们成为我们的一部分，成为我们继续生活的指引和见证。

我们可能会希望重新变得快乐，我们知道这是对的，也是公平的。可是我们感受到愧疚，因为重新变得快乐看起来总是有些不对，有些糟糕。我们的大脑与内心之间经常有冲突：比如说，大脑告诉我们这件事是一个可怕的意外，可是我们心里总是觉得自己像是做错了什么。这两种想法之间会有激烈的争斗，让我们疲惫不堪，心力交瘁。我们需要让这两极能够共处。我们需要同时抱持这两种想法——理解了这点能让我们不再感到被束缚。

如果失亲者表现得很勇敢，努力继续生活下去，社会便会对他们很满意；如果他们选择逃避，无法面对，社会便会对他们不满意。矛盾在于，应该被关注的悲伤总是会被一些方式强行打断，比如用来对抗痛苦的自我治疗等。作为社会成员，我们需要学会支持健康的悲伤，需要帮助大家理解每个人在这件事情上都有自己的节奏。

英伦文化充满了这样的信念：我们能够修复任何事，然后将它变得更好；如果我们不能，那也可以丢弃我们所拥有的东西，然后从头来过。悲伤是这种信念的对立面：它不接受逃避，它需要忍受，它强迫我们接受这世上有些东西就是无法修复的。

失去伴侣
When a partner dies

爱情阻碍我们平坦的前行之路，搅乱我们的计划，推翻那些政治机器。爱情被崇拜也被谴责，令人渴望也令人恐惧。开始一段恋爱关系需要承担极大的风险，而放弃这种关系，则要面对更大的风险。无论如何，我们都要找到一种与爱共处的方式。

——科林·默里·帕克斯（Colin Murray Parkes）

年近五十，相伴二十年的丈夫肝癌晚期

凯特琳

Caitlin

凯特琳按下我的门铃的时候，我很好奇：她会是什么样子，她有什么故事？未见其人，先听见楼梯上传来一个温暖、充满活力的声音，带着柔和的爱尔兰口音。她进门的时候，我看见了一位微笑着的女人，红色长卷发，蓝眼睛。年近五十的她坚定地朝我大步走来，然后停下来整理她不小心踩起来的一小块地毯。

由于凯特琳口齿清晰又很幽默，而且说话很快，我花了好一段时间才看到她全副武装的外表下的脆弱。她的故事令人神伤：与她结婚十年的丈夫大卫（他们在一起将近二十年），刚刚被确诊为晚期肝癌。在他们最近一次去医院的时候，她逼问医生大卫还能活多久，得到的答案是九至十八个月。大卫选择了解他最短能活多久，但是凯特琳暗自认为需要更多的信息。斗志昂扬而坚强的那个她说道：“我要掌舵了，我得知道我面对的是什么。”而她在告诉我这些时哭了。因为大卫的嗜酒如命，凯特琳和他的关系很复杂，但她还是很爱他。

她最担心的是她那两个年幼的孩子，九岁的姬蒂和六岁的乔比。她还没有告诉他们，爸爸快要死了。她出现的压倒性的情绪是恐惧，强烈的恐惧：对于未知的恐惧，对于生存的恐惧，对于他们能否承受这一切的恐惧，对于金钱的恐惧，对于孩子们的反应的恐惧，当然，还有对于大卫的死的恐惧。凯特琳不知所措。她本能地想要保护她的孩子们，因为他们还很小。她本来就在孩子们面前以善意的谎言掩盖了大卫酗酒的事。她很怕大卫猝死，自己根本没有时间准备好对孩子们的措辞。我问她觉得孩子们知道什么。她说：“什么也不知道。”我告诉她那基本是不可能的，因为孩子们很聪明，他们可以立即感受到有什么事情不对头，即使他们不知道具体问题是什么。而且，事实上，她后来提到，孩子们说过：“爸爸还是爸爸，但是变瘦小了。”

我们讨论了大卫应不应该加入与孩子们的谈话，她明确认为不应该。我们商量好她先从询问孩子们对爸爸的病情知道多少开始。我告诉她，孩子们早晚需要知道真相——她不需要一下子全说出来，可以一次一点点地说。她回答他们提出的问题时必须实话实说。孩子会对他们不知道的情况加以想象，而他们的想象可能比事实本身更吓人。告知真相，他们就会信任她，在这个无比艰难和令人恐惧的过程中，知道真相是支撑他们的基石。

在后来的一次面谈中，凯特琳告诉我她是如何打破沉默，将父亲即将死亡的消息告诉了孩子们。她向孩子们这样解释："爸爸病得很重。虽然医生大部分时候能把病人治好，但因为爸爸实在病得太重了，这一次医生也无能为力。"他们一开始没有哭，但是当她问起孩子们担心些什么时，她哭了，然后孩子们跟着一起哭了。她让他们知道了，哭没什么，大家一起哭也是件好事。他们有很多问题：爸爸会死吗？他们自己会死吗？凯特琳的回答诚实而温柔。她说："爸爸的身体停止工作的时候，他就会死去。我们也不知道这件事什么时候会发生，但是我会一直告诉你们真相。"然后他们像往常一样一起喝茶、泡澡、讲故事，比平时多拥抱了好几次，这让他们稍稍平静下来。那场谈话令人心碎，但接下来的几周，他们有许多这样的谈话，尽管艰难，凯特琳还是带着巨大的勇气将它们处理得很好。

我相信我和凯特琳会建立一段良好的关系。她就像一个正在发动的马达，需要足够的信任去冷静下来，获得安全感。“安全感”是我们的数次面谈中反复出现的关键词。她需要一个可以信任的、始终如一的人带着关心倾听她的话，不会承受不了她的故事——她需要一个人给她工具，让她能够统筹和管理她那么真实的恐惧。她爱她的丈夫，同时也因为他让他们承受的一切而恨他——她把他的酗酒描述成“滴在我们家里的毒药”，而且，她感觉他的死会给这个家庭带来无法抹去的永久性的伤害。

凯特琳处在焦虑不安的风暴中，忧心忡忡。她会突然来到我的治疗室，以飞快的语速讲话，就好像她讲得越快就可以避免越多的痛苦，就像一个人在滚烫的煤块间跳跃。当她焦虑时，她几乎不知道怎么让自己冷静下来，这只会加剧悲伤引起的痛苦。她经常会说起她的妈妈，她深爱的并经常去看望的妈妈。但是我很快了解到，她妈妈对她的照顾是很不稳定的：就像大卫一样，她妈妈也酗酒，这不可避免地让凯特琳无法信任她。凯特琳给我讲述了她十岁左右的经历：妈妈来学校接她时经常会迟到，凯特琳不得不躲在巴士站后面，又热又羞愧，被一种永远无法摆脱的孤寂疏离感所占据。这种经历揭示了她的世界观的形成和不安全感的根源。她在任何压力状况下的第一个想法总是：“我会只剩自己一个人。”羞愧和恐惧是两个反复出现在我们面谈中的词。但是她仍然爱她的妈妈，会在深深的、温暖的爱和痛苦的怒火之间徘徊。虽然她不同意，但我对这些情绪的解释是，她是个相信“巫术思维”（magical thinking）的孩子，希望自己的感情能够控制妈妈的酗酒。她觉得只要她足够好，妈妈就也会好起来；而如果妈妈酗酒，那是因为凯特琳自己不好。毫无疑问，最后凯特琳认定是自己不好。

沿着这道裂纹发展，十七岁时她经历了一场毁灭性的悲剧。她深爱的父亲，一个慷慨而成功的男人，精神出了问题，在家附近的森林里上吊自杀了。他的死，发生在一次短暂的、难以估量的深深的抑郁之后。凯特琳说，父亲死后，她感觉自己就像胃里“放了一瓶氰化物”。她告诉我，她的父亲是个她深爱着的“伟大的男人”。她在说的时候，我感觉自己有些晕眩，这些内容太沉重了，我承受不了。我跟她这样说，她哭了。我向她坦陈这一切多么令人难以承受，所以她也允许自己承认了这一点。她因为父亲的死而硬生生受到的冲击在之后的好几十年里都强烈地影响着她。我们在一起的时间，让她有机会触碰这种冲击，但每次时间不能太长。虽然临近的不幸必将唤醒这种能够吞没她的、在我看来刻骨铭心的悲伤，但现在还不是处理那些创伤的时候。此刻她需要以她发展起来的所有力量帮助她面对大卫的死亡及其伴生的无数负面效应，分心会让她变得更加不稳定。

凯特琳是一个传统爱尔兰大家庭中最小的孩子，拥有众多亲密无间的好朋友。但是她在关于男人的问题上不太一样。她指望靠男人证明她自己，并且让她感觉到被爱。她觉得她需要在他们面前演戏以取悦他们，优先考虑他们的需求，同时在这个过程中，忽视自己的需求，结果就是到头来总会觉得空虚、被利用。在她人生的这个节点，她对男人的痴迷投射在了蒂姆身上。凯特琳说她爱着大卫——大卫对她很好，把她放在第一位，而且也是孩子们的父亲。但是酗酒的问题让他失去了凯特琳的尊重，这让他们之间本就脆弱的信任分崩离析，她对他的渴望也消失殆尽。

蒂姆是她幻想的对象，但聪明敏感的她很清楚，蒂姆一点也不适合她。蒂姆在市场部门工作，非常有魅力。最近他和第二任妻子离婚了，正经历着经济和感情上的混乱期。他需要付两个家庭总共三个孩子的生活费，以及他自己的公寓房租。凯特琳知道蒂姆给不了她需要的，但是不论她多清楚，这都没有影响她的行动。“我就像一枚热跟踪导弹，不断地想要收到他的消息，计划着什么时候能见他，在脑海里一遍遍排练着该说什么才能让他对我感兴趣。”她幻想的剧情是他会意识到自己“疯狂地爱上了她”，然后进行一场激情四射的爱的告白。有两段对话在她脑海里反复上演：“我爱你”那一段；还有当他向她宣告他的爱情时，她会告诉他“走开”。

但现实是残酷的。他们见面时，他的表现难以预测：有时候富有魅力，令人着迷，性感地引诱她，但有时候又非常轻蔑。她变得很焦虑，情感很匮乏，一直在渴望着他的下条短信，每分钟都检查手机，在信息到来之前都没办法专心。在收到短信后，她会一遍遍读，试图抠着字眼理解出文字本身根本没有传达的内容。然后她会陷入失望，期待下一条短信。这种模式——她拒绝他，期望他会因此而追求她——在两性关系中非常普遍：一个人喊着“走开”，但其真正的意思是“为我战斗，到我身边来，让我知道你需要我”。同样的模式在亲子关系中也经常存在。

在天主教信仰和从小家庭教育的影响下，凯特琳希望她能成为让自己自豪的人——但她也想要成为被渴望的对象，她摆脱不了这种想法。对于凯特琳来说，蒂姆就像一块磁铁，以让她无法克服的磁力吸引着她。他激发出了她幼年性格的一些方面——近乎绝望地渴求母亲的关注。蒂姆的飘忽不定也像极了她妈妈，她还是有着那种自己是个坏人、不值得被爱的感觉。

凯特琳说话的时候总会看着地板，然后抬起头侧眼确认我还在那里，担心我会对她评头论足。她后来告诉我，就是在这些时刻里，她终于感觉到有人能够看到真正的她，看到她的一切，包括缺点。她并没有感觉到自己在被批判，这种不存在论断的自由让我们的关系得以发展。这时候，我提出做一个评估，看看我们这些天来的效果，她崩溃了。“哦，你也要离开我了，是不是？”她情绪失控，哭了出来。她认为这是我结束面谈的方式。我向她解释，我不会把结束的决定强加于她——这是我们俩共同控制的事情，我们会共同决定。很重要的一点是让她知道，我不会重复她父亲和丈夫建立起来的模式，突然从她的生活中消失。凯特琳的情感盔甲仿佛一层清漆，看不见但是密不透风，她像包裹幼儿一样包裹自己。这件盔甲让她无法接受和保留积极的情感，同时将她最需要的滋养拒之门外。表面上她似乎一直在寻找真爱，但实际上她躲开了真爱。而我们的治疗和她感受到的关心，让她非常缓慢地开始相信自己是值得被爱的。

但是，凯特琳对蒂姆的痴迷没有就此消失，同时我也意识到，这种痴迷就像一种麻醉剂，是对大卫的行将逝去所带来的痛苦的麻醉，也是一种让她放弃自我意识的方法。我要确保蒂姆这段插曲不会使我偏离她对被遗弃的恐惧这个主题，这个主题才是她一直以来的伤害性行为的关键。如果她能够找到方法抚慰自己内心那个焦虑的小孩，而不是将这个可怜的小孩扔进蒂姆并不能给人安全感的虚弱怀抱，她就能更好地保护自己。所以，我需要帮她找到关爱自己的方法。她用一杯健力士黑啤酒比喻自己：她给大家展现的是最上面那一层清浅的泡沫，但大部分的她存在于底下冒着泡的黑暗之中。我和她一起窥探了“冒着泡的黑暗”。“悲伤击中了我内心的自信。这就像我的车子在路上没了汽油，做什么事都比平常艰难，感觉注定会失败。我总是很愤怒而又看不到尽头。”我们讨论了应对的方法，比如每天给自己布置一些力所能及的任务：做一些予人慰藉的事，比如买美味的食物，为家人做饭，然后好好用餐，这些都让她觉得多少找回了一些生活的主动权。

我推测大卫并没有很好地发展出他的职业潜能，缺乏自信和酗酒问题阻碍了他发挥才能。现在他已经无法工作了。他正在接受放射治疗以减轻症状，但这种治疗并不会延长他的生命。放疗会让他有几天精疲力竭，不过之后状态能恢复得还不错。虽然没有继续喝酒，但止痛药的副作用跟酗酒异曲同工，凯特琳觉得他就像喝了酒一样令人烦躁。

凯特琳告诉我他们没有一起讨论过他的死亡，大卫也不想参加我们的治疗。很显然，为了孩子们，他希望活得越长越好，他试图像一切都会好起来一样奋力生活下去。凯特琳总是含着眼泪，骄傲而又有所思地说起他极为勇敢、优雅而坚韧地面对自己可怕的疾病。大卫是个很睿智风趣的人，正是他的幽默感最初吸引了凯特琳，也在这场可怕的旅程中将他们紧紧绑在一起。他总是说：“幸好要死的人不是你，不然你会是一场恐怖的噩梦！”这个阶段令人最难忍受的是不确定性，不知道他的死亡何时会到来，还有就是一种认知——知道事情只会越来越糟。

大卫去世之前，我和凯特琳的会面持续了十八个月。她是家里唯一的收入来源。工作、照顾大卫、照顾孩子，同时应对着自己内心的风起云涌，这一切对她来说压力极大。她经常感觉十分焦虑，看不到光亮，“只有黑色的恐惧”。但是她找到了与之相处的方式。凯特琳最脆弱的一面总是让她低估自己的韧性，其实她比自己以为的坚强得多。潜意识里，她知道但否认这些，因为她不想自己在大卫去世后感到后悔或者内疚（她的默认情绪）。她下决心要对大卫好一点，不要像以前一样对他大发脾气。她找到了修复他们关系的方法。她买了一些好闻的精油，为他按摩手和脚，抚摸他的脸颊，与他亲密无间地拥抱，带着真正的温暖——真正的爱意。

有几次她进来的时候非常憔悴，需要将所有的挣扎一股脑倒出来；也有些时候，她从头到尾只为大卫和孩子们哭着。理所当然地，她为自己迄今为止所做到的一切感到自豪。她常常睡不好，这让一切变得更加难熬（失眠总是会使生活更艰难，在悲伤的过程中也很常见），我们一起想了想如何能让她睡得更好。

偶尔她会在外面参加派对到很晚，有时候会乱性，这会使她在之后几天陷入绝望和懊悔。通常是愤怒使她清醒，愤怒有多个层面：为大卫是个酒鬼以及酗酒如何致使他得病而愤怒；为自己选择大卫作为孩子的父亲而愤怒；为她无力改变的整个现状而愤怒。她的心情起伏不定：有些时候感觉自己能够处理，另一些时候充满恐惧。但这一切都伴随着一股令人不快的自我厌恶。

凯特琳从来没有聊过大卫是否会因为将死的不是她而嫉妒她。为了保护彼此，夫妻之间避免讨论这种复杂感情是很常见的。死亡的现实及其可能导致的嫉妒可以被理解但同时也是被否认的。不管有没有说出来,嫉妒本身很可能是存在的。

大卫的病情很不稳定。有些时候他能量满满，可以参与家庭活动：陪乔比和姬蒂一起玩，出去和朋友见面。另一些时候他会特别虚弱，大部分时间在沙发上度过。孩子们会趴在他身边，听他讲笑话；他会挠他们痒痒，拥抱他们；他们会蜷缩在羽绒被底下和他一起看最喜欢的电视节目。他的病情很快发展到了最后的阶段，虽然早有预料，凯特琳还是感到很震惊。大卫的疼痛开始增加，走路也困难起来。他们和医生商量之后觉得临终护理院可能是最适合他的地方。那里温暖、安全，孩子们感觉到自己受欢迎，可以在里面随便跑。那些优秀的护士喜欢他开的玩笑，把他照顾得很好，特别注意不让他感到任何疼痛。凯特琳最美丽也最痛苦的记忆之一是大卫将自己颤抖地写在本子上给孩子的话读出来的样子。

我清楚地记得他去世的那天。那是一个温暖的春日，我看了眼手机，上面有一条短信："大卫今天早晨安详地走了。他握着我的手。"我打电话问凯特琳，孩子有没有看到大卫的遗体。她告诉我："没有。"我建议她拍点照片（虽然听起来很奇怪），因为在以后的日子里，这对她和孩子们将特别重要。

葬礼前一天晚上，凯特琳在殡仪馆打电话给我，声音沉静和缓。她告诉我他们都看到了大卫安详的样子，像一尊雪花石膏像。她在他心脏的位置放了一封情书，孩子们一人往棺材里放了一个毛绒玩具，然后亲吻了棺材。她听起来冷静、情绪稳定，温柔地感谢我提供的建议。她说自己感到"骄傲，有成就感"。对凯特琳来说，她竟自然地、意料之外地感受到了解脱：他们最害怕的事情就这样来了，而他们毫发无伤地幸存下来。我也因此为她、为他们每个人感到非常骄傲。

一般来说，面对死亡，我们能做的最多就是有创意地活着。凯特琳是一个创造者，也是一股力量。她将精力专注于大卫的葬礼，和她的家人一起，让这场葬礼成了一场极完美的对他的生命的致敬，充满她对他的爱，充满这个家庭和无数朋友对他的爱。这场危机将凯特琳最好的一面——她对大卫和孩子们深深的爱与忠诚——激发出来我对这样伟大的品质只能献上仰慕和尊重。

正因为她在他活着的时候爱着他，所以她在他走后极度思念他。“他怎么看都不是一个完美的丈夫，但他曾是我的。”现在她是一个人了。在两人的床上，她为他空出来的那片地方感到痛苦。她会哭泣着将脸埋进他最后穿过的衬衫，用嗅觉感受他。但是关于他的死亡有一点很明确：他们之间没有遗憾，他们对彼此、对孩子付出过深深的关心，而他的绝症也最终修正了他们的错误，并让他们保有尊严。

当麻木感慢慢消退，大卫去世后的第六周，凯特琳感受到了强烈的悲伤。巨大的丧失感让她失魂落魄，精疲力竭。她哭泣。她在大卫逝去后为他拍了照片，她说：“他去世后看起来更温顺、安详，面色更好。”回想这些又让她哭了。因为甩掉了“过去那些不愉快的琐事”，所以她能够好好回忆。“我希望可以再闻闻他那油腻的脖子，真难闻，我每次都叫他去洗，但其实那里又光滑又舒服。”

有些时候她会拒绝感受痛苦，做出一些自我伤害的事，比如说沉溺于派对或者与同事吵架。对于所有人来说，性都是一个自然的生存机制，凯特琳也不例外。凯特琳失去了亲密关系，所以她用尽一切办法想找回它。从最基本的层面来讲，性意味着创造生命，是死亡的对立面。她渴求性，但是她在这方面却没有什么好的经历：她总是在事后感觉自己被利用了，因为她总是更重视男方的感受，这导致她自己总是不甚满意。有一个男人与她比较处得来，两人既是朋友也是性伴，这个男人喜欢下班和回家之间的这段时间与她匆匆相会，这就像我们上一辈人所说的“五点下班，七点回家”。这样的性关系让她觉得很满意，一点儿也不复杂，她很喜欢这样。但蒂姆总是潜伏在她内心深处。蒂姆若即若离，满口空话。他帮助凯特琳想了大卫的追思会卡片上的措辞，凯特琳很感激。但是后来他又给不了她所渴求的关注，将她极力避免的空洞越挖越深。但是她仍然有一些向来行之有效的应对策略：带孩子们去公园，购买或者烹饪一些可口的食物，在夜里聆听冥想磁带，阅读最喜欢的书。她变得自律很多，能够把手机放在卧室外面，让自己不再疯狂地渴望同蒂姆的联系。最重要的是，她开始定期与真正爱她的朋友见面，与他们一起笑一起哭。

我们讨论了许多关于乔比（“我的儿子”）和姬蒂（“我的女儿”）的事情。他们都表现不错，两个人都本能地被大卫的兄弟们吸引。大卫的兄弟们会来家里陪两个孩子踢足球，或者带他们出去玩几天。孩子们想念大卫的拥抱，一点小小的事情也容易让他们不开心，甚至崩溃。我们讨论过需要划定边界来让孩子们觉得安全稳定，所以凯特琳拒绝了一切打破他们睡前仪式基本规则的邀约。在晚上，他们会点燃

“爸爸的蜡烛”，讲一个关于他的或滑稽或温馨的故事。她可以从孩子们身上看到大卫的影子：“乔比用和他爸爸相似的方法控制自己，一些小抽搐什么的。”她把这形容为“自然，养育，尼采”（nature, nurture and Nietzsche）。她记得以前她总是告诉大卫不要反着拿刀，但是现在姬蒂就像大卫一样拿刀，但凯特琳再也没有纠正她了。她以前总是告诉大卫不要把炒蛋在吐司上堆得太高，但现在当孩子们这样做时，总是放肆地说着“爸爸以前就这么做”。这些事就像试金石，会帮助他们在以后的生活中发现，他们的自我里也有父亲的影子——炒蛋试金石。

有些时候，凯特琳对孩子的爱之强烈会吓到她自己。这让她想起她的母亲：“前一秒还温馨轻松，后一秒她就会忽然暴怒，就像葛饰北斋浮世绘中的巨浪。”有一个情景令她印象深刻：有一次在爸妈的床上，她和妈妈惬意地吃着吐司，她妈妈突然暴怒，厉声大骂房间不整洁。凯特琳回忆：“我当时抽泣着，脸都憋紫了，因为我穿起了所有能穿上的衣服来试图让房间变得整洁。她疯了，言语间满是怒气！我永远不会做那样的事情。”这样的认识让凯特琳免于令自己的愤怒失控乃至变成暴力。她可以深呼吸，或者数到一百；她可以告诉孩子们回自己的房间去，明白自己需要一些空间以免伤害他们。她掌握了一些技巧来成就自己的改变，成为自己想成为的人。

我们都认同，在大卫去世十八个月后，她的生活已经重新回到正轨，日常生活过得很好：睡眠更好了，也有很幸福的时刻。延长面谈的时间间隔是我们共同的有意识的决定，我们以此了解如果减少咨询会不会影响她的正常生活。她知道一定会有一些时刻她会突然感到很受挫，感到失控和恐惧。但是她也知道，她工作做得很好，她的孩子在学校表现很好，她也终于不再对蒂姆抱有恋爱的兴趣，虽然蒂姆仍然是她的朋友。她有了一个新的男人，他并非十全十美，但是凯特琳把他称为“一位绅士”。他很温柔、可靠，也很性感。他们每次见面都很开心。

我喜欢我脑中马赛克式的凯特琳的生活图景，那种马赛克你可能会在一个罗马别墅里见到：有一些小马赛克片被磨平或者已有破损，有一些已经残缺不堪；另一些却毫发无伤，展现着完美的图像。凯特琳爱和被爱的能力让这些脆弱但珍贵的小马赛克片得以拼合在一起。大卫的逝去剥离了一部分马赛克，但是凯特琳的豁达和热情让这幅图景仍然完整地在黑暗中熠熠生辉。

凯莉
Kayleigh

凯莉紧张地笑着。她年轻，只有三十出头，对一个寡妇来说，这个年纪实在是太年轻了。她长期以来的伴侣——加勒比黑人血统的米切尔，三个月前在骑车时意外身亡。她一直在笑，但是褐色的小眼睛里有受惊的小动物般的眼神。乌黑厚重的刘海之下，可以看到她眉毛上的汗珠，她的身体也紧张不安。我很疑惑，天晓得她怎么能为两岁的儿子、现在失去了父亲的小男孩当妈妈。凯莉的面貌掩饰了她的脆弱：她矮小而丰满，总是穿着运动长裤和黑色上衣。可以看出她对我心存戒备。她不知道该说什么，她说的少数几句话也伴随着大口的喘息。米切尔的死带来的震惊仍然明显地体现在她的每一次呼吸里。我面临着一个两难选择：如果她因为丈夫出事后的情形遭受了心理创伤，我不想逼她开口——治疗过程中，我们应该留点时间沉默。但是同时，我感觉治疗师沉默地等待来访者开口说话的这种"治疗式沉默"（therapeutic silence）可能会被她理解为一种惩罚。我们讨论了一下她可以怎样开始讲述她的故事。我向她强调不用着急，如果她感觉无法继续，我会帮她。我们可以轮流说话，她可以决定她每次说多少。这让她拥有控制权，能减轻她对自己的可怕经历的恐惧，所以这种方式不会使她崩溃。

凯莉的悲伤对她的身体造成了严重的负面影响。她几乎睡不着，大多数时间感觉身体不舒服，而且吃不下饭。当务之急是寻找方法让她冷静下来，改善她的身体状况。我开始和她一起做放松训练，然后让她告诉我她一天的行程，这样我们就能设计一套方案来减少她的焦虑。虽然她一开始觉得这很困难，但是她颤抖的次数明显随着一次次心理治疗的进行而减少。她也终于能够开口说话了。

她还是有些犹豫，但会努力找词，就像她已经把它们遗失在了一条黑暗通道里。很多次她重复说："我靠自己已经撑不下去了""我活在一堵墙一样的恐惧背后"，之后她就会痛苦地喊叫。我几乎复述她说的每一个字，希望她明白她正在被正确地倾听（复述是我常用的一个方法，因为这能让人知道这些话被充分理解了）。我会和她一起坐在她“像一堵墙一样的恐惧”后面，虽然我知道我不能“修复”她，但是我至少可以在她身边。我希望她知道她已经充分表达，而且她的话很有价值。她不应该以任何方式轻视她所说的话。几个月的时间里，心理治疗慢慢地进行着。

米切尔死在十一月里潮湿、寻常的一天。他们都在百货公司工作，也在那里相识。事故发生的那一天，他们一起下班，在百货公司门口说了再见。米切尔通常骑车回去而凯莉一般坐地铁。她从临时保姆那里接到达雷尔，然后开心地回到家——米切尔已经死了，然而她还在开心，后来这一点严重困扰着她。她当时和她的兄弟皮特在电话里相谈甚欢。但是当她意识到米切尔还没回来的时候，她开始不安。她担心发生了什么不好的事情。她跟自己说这样很傻，虽然她的担心非常合理：米切尔总是会接她的电话，但是那天没有接。四个小时后，两个警察来了，一位男士一位女士。他们让凯莉坐下，然后告诉她米切尔死了。她记得自己一直在尖叫，其他什么也想不起来了。她的兄弟皮特立即来到她的公寓，他震惊得面色苍白。他们和小达雷尔一起去了医院。

米切尔躺在一个房间里，一块白布盖着他。凯莉看了他一眼，但是“那已经不是米切尔了，他这么沉默，一动不动”。她看到了他可怕的伤口，变得歇斯底里，不得不离开房间。

但是接下来的一周她每天都去看他，由她的兄弟陪同。“我既不能忍受看到他那个样子，也不能忍受不去看他。”

凯莉在米切尔死后受到了太大的冲击，无法思考现实中她需要安排的事。她知道接下来会进行死因调查，法定程序要求进行尸检。她非常厌恶去想他的身体要被剖开这件事。因为对她来说，米切尔仿佛仍然是活着的，她很担心尸检会伤害到米切尔。我们讨论过她应不应该在尸检过后再次去看米切尔，但是她说：“我现在已经跟他说过再见了。我做不到再说一次，我怕也许这次我就离不开了。”然后我们聊了聊达雷尔应不应该见他。我告诉她，只要做好适当的准备，即使是非常小的孩子也是有心理承受能力去看尸体的。但是凯莉还是觉得达雷尔太小了。

一切程序开始运作：目击者的证词被搜集起来以供警察查证。凯莉即使只是想想米切尔经历了什么都感到极大的痛苦，但是不了解事情的真相也会让她备受折磨。最后，由于事关重大，米切尔的家人坚持要求凯莉与他们一起去见警察。他们一起了解了事情的过程：米切尔接近一个小型环岛时骑得太快了，自行车撞到了一块指示牌上，米切尔被弹了出去，当他再次挣扎着回到环岛时，受了致命的重伤。几个星期后，凯莉和她的兄弟一起去了事发现场，他们看见了友善的人们为了悼念死者留下的花和丝带。对于凯莉来说那一天很可怕，米切尔车祸的骇人景象全都重现眼前。她在我面前回忆那天的时候，整个人都在颤抖。但是她努力克制着自己关于事件的可怕想象，让我们得以着眼于事故本身的真相。

米切尔的家人举办了葬礼。凯莉对于葬礼的记忆很模糊，她只记得现场很“拥挤”。所有的同事、朋友，还有很多她不认识的人都来了。所有人都对她说了同样的话：“对于你的不幸我很遗憾”和“你很勇敢”。凯莉并不觉得自己勇敢，她很木然。她的理智告诉她米切尔已经死了，但是她身上的其他部分完全不能相信这件事情。

米切尔是凯莉有过的唯一的男朋友，她在生活的方方面面都依赖他做决策。正是通过爱他和被他爱，凯莉知道了她的整个生活此前缺失的是什么。他要的爱正正好好是凯莉想给的——凯莉从未体会过这样的感觉。米切尔像她自己一样了解她，知道她的所有缺点，也因此让她成了“最好的自己”。失去他，凯莉觉得自己不再完整。她被扔在了一个陌生的地方，没有地图，没有指引。原地打转的绝望让她陷入了困惑和不安。当我进入她的内心，我发现了满满的悲哀、绝望，以及巨大的孤独。我可以感受到它们压着我的重量。想象一个人每天二十四小时无时无刻不面对这种压力，日复一日，我非常敬佩凯莉每天能起床，穿好衣服，给她的孩子做饭。我也理解了为什么有些日子她做不到这些。

凯莉问我是否注意到了她一直穿黑色衣服——我当然注意到了，她希望我知道她这样穿是为了米切尔。她没办法说服自己穿鲜艳的衣服或者化妆打扮，这是她向周围世界表达她的哀悼的方式，但是她觉得周围的人并没有注意或者不够关心这一点。我注意到了，她感到轻松了一些。我也认为现在很多人都忘记了穿黑色衣服表示哀悼的传统。我以为她理解了我对于哀悼性服饰的看法，但是她一直问我："我这样做傻不傻？"凯莉说话的时候眼睛总是往下看着她的手，然后再向上扫一眼，就好像在确认她说的话是否合适。

她无法做出决定。凯莉试图算一算她公寓的房租，但她说自己"就是做不到。我很绝望,而且我太担心钱的问题了"。她在晚上会喝很多酒，"我想用伏特加和汤力水做晚餐，我不想做饭"。每当我向她确认她当下的痛苦程度时，她总会把手坐在身下，跟我拉开距离，这是她处于难以承受的痛苦中的默认模式。我很担心她，也很担心达雷尔的安全，我知道对她来说寻求帮助很困难，也知道即使她十分需要家人和朋友的帮助，他们也不想过分干扰她的私事。我担忧她变得越来越孤独。她说："虽然我的兄弟经常在我身边，但我不想打扰我的家人。"让我感到宽心的是，她告诉我她妈妈目前在照顾达雷尔。我想象了一下如果看到我女儿像凯莉一样心神不安我会有什么样的感受，因此也明白了凯莉的妈妈现在该有多难过。她妈妈知道，照顾达雷尔是她现在能给凯莉的唯一帮助。凯莉生活中另一个稳定的因素就是她每周三个上午的工作。她似乎做不了多少事，但“去工作”这个行为本身能让凯莉从消耗身心的悲伤中暂时解脱出来。值得感谢的是，她的经理因为自己也曾经历过亲人死亡，所以对凯莉很耐心。我对这位友善的经理致以无声的感谢，她比其他大部分人都更加善解人意。

通常凯莉不想来见我，她不知道这有什么意义。当她来的时候，她总是以阵阵的暴怒和消沉来表达自己无法承受的悲痛——“没有他我睡不着。以前在夜里我总是用我的脚抵着他的脚，但现在只有冰冷的空床……没有米切尔，我的生活没有任何意义。”但她知道为了达雷尔她必须好起来。她为达雷尔感到恐惧：她害怕自己死了，达雷尔发现了她的尸体。这其实是一种可以被理解的恐惧。我感觉到她的身体里有一股沉默的愤怒，安静而又死气沉沉，将其他所有感受都笼上阴霾。当她感到失控时，这股愤怒会带入巨大的恐惧。她试图阻挡它，但是它会积累成一股不可遏制、随时迸发的暴怒，她会用力捶打枕头或者喝酒来麻痹自己。经过一段时间以后，她发现自己在哭泣之后会冷静一点。每当她在家哭个两天，一切便会稍微好转，并为自己没有依赖酒精感到骄傲。我非常高兴她能让眼泪发挥应有的作用：让眼泪释放她身体里积累的悲伤。

凯莉憎恶自己情绪的不可预测性。长期处于痛苦之中让她感到“脆弱和渺小……”“有一个巨大的、黑色的、死气沉沉的东西压在我胸上，让我窒息”。我一度疑惑她是否还有一个我没有了解到的早年心理创伤：她在更小的时候形成的一种防御机制让她压抑自己的情绪并轻视它，习惯以关闭心门的方式来将一切挡在外头。我在疑惑什么样的环境会让她形成这样钢铁般坚固的防御机制，不过就我们面谈的进度而言，问这个还太早。但是通过和我对话，她对自己有了一个更清晰的认识。

我们的关系暂时改善，但她仍然犹豫要不要信任我，这对她来说仍然是令人“恐惧”的，袒露自己的真实感情让她感觉羞耻，她承认害怕我会伤害她。她甚至对自己能够坚持每周都来咨询感到很惊讶，这根本不像她。但是那段时间我也发现她渐渐形成了新的应对机制，有些与正常生活脱轨了。她瘦了很多，说她想“消失”。她变得比以前更加脆弱，感觉“孤独和崩溃。我每晚喝酒”。酒是一剂镇静剂，能够暂时让她屏蔽恐惧，但同时让她进入一个可怕的恶性循环。

一天早晨，我来到工作的地方，发现她坐在我办公室外的走廊里，蜷缩着，满脸泪水。整个面谈从头到尾，她一直在哭，不断地说：“我不知道生活还有什么意义，我想伤害我自己。”她几乎不与我进行眼神交流，我变得越来越焦虑，希望找到一个她能接受的方式回应她。过了半个小时，她说：“我可以走了吗？”我很想对她大喊当然不行，但我说出口的是：“我非常希望你能留下来，这样我们可以一起想想怎么才能帮助你。但是走不走是你自己的选择。如果你想走，你是可以走的。”她离开了。

我感觉很恐慌。我很担心她会去自杀。我立刻打电话给我的督导，我们制订了一个计划：首先要确定有人在照顾达雷尔。其次接下来几个星期的主要任务是确保凯莉的安全。我会问一些关键性的问题:“你有自杀的想法吗？”“我们是否有必要担心你有自杀倾向？”“你是否认为你需要药物治疗或者住院来确保自己的安全？”当我在脑海里形成了一个可以有效帮助凯莉的计划，我感觉稍微冷静了一些。但是当我给她打电话询问达雷尔的事情却没有人接电话时，我又感到非常担心。她一般不会不给回应。如果她不想讲话，就会发短信回复。第二天我打过去，还是没人接，我更担心了。周一我再打，凯莉接了，我如释重负。我告诉她最近一次面谈之后我很担心她和达雷尔的安全。她说周五她服药过量，但是她打电话给一个朋友，让他把自己匆忙送去了医院。医院给她洗胃，然后第二天让她出院了。因为看到凯莉很消沉，她的父母一整周都在照顾达雷尔，但他们完全没料到凯莉的情况会发展到服药过量这么严重。我对于医院没有为凯莉预约任何心理评估或心理治疗感到很担心。我们约定周三见一面。

我非常感谢我出色而强壮的拳击教练基思。我们每周三见面：我用尽全力对他拳打脚踢。他会反击，我则会更用力地回击。我会非常大声地呐喊，每次我喊的时候他总会笑。我身体里的恐惧和压力需要被宣泄，感受身体的攻击力量带来的满足让我感到非常轻松，洗澡的时候我乱七八糟的内心就像被冲刷干净了一样。

周三凯莉过来的时候显得又老了几岁，瘦小了一些。我告诉她我非常担心她，我为她的巨大痛苦感到非常难过，但同时很高兴看到她平安活着。我又问了一遍达雷尔的情况，她说达雷尔和她父母在一起，被很好地照顾着。我们聊了一下她对自己那晚吃药过量的原因的看法。她说："我有对食物、饮品和药物上瘾的基因。吃药可以停止痛苦。"她解释说她并不想死，她只是想用吃药来停止痛苦，"我忍受不了了……我总是会想到以后的几十年都不再会有米切尔的陪伴。这就像我沉在水底，努力浮上水面呼吸，我觉得很舒服，新鲜的空气在我的肺里流通，可每当我想到米切尔的死，我就会被拉回水底"。我希望她能相信我，相信我会尽我所能帮助她。但是这必须靠我们双方共同努力：我们需要合作以确保她的安全。我希望她知道，我非常关心她，也会尽力对她负责，但我并不替她负责。这意味着，为了她能够更好地生活，我有帮助她的职业责任，但这不代表我应该或者我能够为她生活中所做的决定和行为负责。我问她我们能不能拟定一个不自杀协议，协议的末尾是在她的手机上留几个紧急电话号码，如果她想自杀，她可以打这些电话寻求帮助。因为一直非常担心她，我的心始终不能平静。我问她是否还有自杀的想法。她捂着脸回答说她害怕自己“陷入深渊”。我告诉她我为她担惊受怕，然后询问她为了确保她和达雷尔的安全我们还有什么能做的。她同意去见她的全科医生，我当着她的面给她的医生打了电话。同时，她决定一旦她出现精神危机，就去父母家找达雷尔。在这样的时刻，她变得弱小而又孩子气，需要让她的母亲照顾她，因为她自己不能成熟到有能力照顾自己。她向我保证如果再想自杀会联系我，我也说了我会尽可能迅速地回应她。我告诉她也许我不能立即回复，但她可以确信我一定会回复。离开的时候，我们给了彼此一个拥抱，她低声说 :“拉我一把。”我向她承诺我一定会。

我后来知道那天她去见了她的全科医生，他开了一些药给她，同时要求她一个月内每周来见他一次。全科医生同时也跟我约了一个时间，以便一起讨论一下该如何配合对凯莉进行治疗。

凯莉度过了情绪很不稳定的几周，等待着药物发挥作用。她的心情在好与不好之间来来回回，有些日子还不错，有些日子则相反。让自己感觉良好是非常重要的一步，因为直到那时为止，凯莉都没有允许自己从悲痛中分一分心，她认为感到轻松是对她所爱的米切尔的背叛。同时，我对于她和父母的关系有了更多的了解：他们虽然爱她，但是无法和她交流，所以凯莉感觉父母并不“了解”她。他们确实是很好的人，在米切尔死后，也表现出了对凯莉和达雷尔极大的关心，说实话，如果没有他们，凯莉根本撑不过来。他们并没有吝啬对凯莉的爱，但是他们没办法用语言将爱表达出来，做比说多。对于像凯莉这么敏感的人，这显然不够。凯莉第一次意识到，尤其是因为她的父亲没有接受她的爱——或者说是没有完整地欣赏和享受——她的感情才那么脆弱。她的兄弟皮特是她的“救济者”：她对他敞开心扉，无话不说。

凯莉不稳定的情绪有了传染性：我也开始变得焦虑，保持情绪的稳定越来越难。我想到一个主意，找一个能放在凯莉口袋里的东西，用它来代表那些我们俩目前都没有能力做到的事情—— 一个具象的物体代表抽象的治疗内容。她喜欢这个提议。我给了她一块特别的石头，那是一块石英石，手掌大小，闪闪发光。凯莉拿过去，在手里把玩，抚摸那块石头。我们决定让凯莉把石头保管在自己的口袋里。很久以后她告诉我，她经常会将石头拿出来，放在手里搓来搓去，感受它古老的历史，还有它与我们的心理治疗的关联。在治疗术语里这叫作“过渡对象”（transitional object）——它对凯莉来说很有用。

她开始参加互助会，有了一个保证人。她开始慢慢懂得“顺其自然”的哲学意义，学到了个人意志的顺服有助于治愈自己。虽然凯莉太害羞了，除了说自己的名字从来不说话，但是倾听别人在互助会里发言帮助她听到了自己内心的声音。我们讨论了她的危机，讨论了她曾经离死亡多么近以及这件事令我和她都感到惊恐。我们在想，如何能更早分辨她可能自杀的迹象？她怎么样才能保护自己呢？她说：“我当时觉得不稳定的情绪在我的身体里连日堆积。”我问：“你当时有没有可能更早让我意识到你的自杀倾向呢？将来你能不能留意于此？”她说如果有，她会让我知道。

我们逐渐了解到凯莉的不稳定是有缘由的，是这种缘由让她“稍微有些失控”。在凯莉心里，米切尔仍然活着，她只是被米切尔抛弃了，虽然理智很清楚地告诉她，米切尔已经死了。被米切尔抛在身后的愤怒席卷了她的生活。某种意义上来说，她觉得如果她足够生气，足够拼尽全力，叫得足够大声，她就可以让米切尔回来。但每当她感觉稍好，这样的想法就会让她绝望，因为她再次意识到，米切尔不会回来了。这导致了凯莉仿佛一次又一次经历了米切尔的死亡。没有米切尔，凯莉对于生活的想象是“一片漆黑”，每当她这么想，她就会远离一个积极生活的女人应该做的所有事：吃饭、工作、关心儿子。

我发现凯莉是那种生来就非常敏感的人，就像是活得比别人少一层皮肤的保护。这样的敏感加上凯莉父母对于情感表达的不坦率，让凯莉在面对生活的挫折时显得脆弱和孤立无助。米切尔曾经，从某种意义上来说，扮演了那层她所缺失却必要的保护性皮肤，但现在米切尔不在了，她比以前感觉更无助。像购物时丢了信用卡这种常人眼里令人心烦的小意外，在凯莉那里都是一场灾难，她会陷入自责和羞愧的循环中，许多天才能平复心情。

我们的进展很缓慢。她很难再次允许自己相信生活——有的时候她会摆出一副不在乎的样子，展现一种“去他的生活”的强悍态度，但那并不是她的真实感觉。她害怕如果让自己停止伤心，她就会忘记米切尔。她反复读他发的短信，亲吻他的照片，来表达有多么想他。当我们终于有了关键性的领悟，知道如何安放她的失去感、如何让她带着复杂而矛盾的悲伤生活下去时，我们俩都觉得松了一口气。她意识到她无须完全好起来或者非常开心；她可以生气、伤心，但同时也可以好好和正在茁壮成长的达雷尔相处。她有在愤怒和幸福之间来回游走的自由，就像不断地跳进又跳出水坑。

又过了几个月，她变得冷静了，滴酒不沾，去上班并培养起一些“好习惯”。我们共同完成的治疗方案包括每周两次跑步、两次冥想加上一篇周记。一段时间以后，通过跑步、冥想和周记的组合，她的焦虑抑郁大大减轻，最后她已经不需要冥想了（这种组合被许多研究证明有效，可作为原文大写的治疗方案参考）。她的一个警察朋友（她提到过的极少数朋友中的一个）曾经告诉她一个缩略词“JFDI”——“就是干！”(Just Fucking Do It),她觉得很好笑同时也被激励了，于是把这句话作为她的手机屏保。

也就是在这段时间，我听说了凯莉的数学老师伍利先生——她的童年拼图里遗漏的那一块。当时，我们在讨论她深信不疑的“我很笨”的魔咒的根源，她坐在我面前，回忆九岁的事情，小心翼翼地和我讲了她的故事。回忆伍利的时候凯莉倍感耻辱。大部分的数学课，伍利先生都会让她到全班面前回答问题。虽然问题很简单，但她答不出来，这并不是因为她不够聪明，而是因为暴露在那样近乎霸凌的状态下，她几乎要崩溃。“我呆若木鸡地站在原地，他就等我说话。时间慢得难熬。最后他会大声呵斥，让我焦头烂额地回座位。每次都是这样。”这样的经历对任何人都会有很大的影响，何况是不善应对这种事的敏感的凯莉。凯莉的妈妈向学校投诉过，但是无济于事。当我得知伍利先生的霸凌暴行时非常愤怒。凯莉的羞耻感在她的生活里无处不在，每一次与人交往都可能让她感觉自己和伍利先生教室里的那个九岁的自己一样蠢。她甚至相信“我很笨”就刻在她的额头上，她在与任何人说话之前都要先克服那种恐惧。对伍利先生——现在我们已经改叫他“混蛋先生”——的共同憎恶，成为我们之间一个非常重要的纽带。

到那个时候，我们已经在一起接触了将近两年，凯莉正对人生的新阶段有些疑惑。她知道她不能让时间停止，但是投身于日常生活仍让她感到不安。她希望可以展开双臂将过去和现在一同拥入怀中。她会抬起头，就像看着米切尔一样问道：“如果我继续好好生活，你会原谅我吗？”我们讨论了她心里知道并相信自己能随时“亲近”米切尔——米切尔存在于她的身体里。她懂得了，即使米切尔已经死了，她也不必停止对他的爱，但是她必须完全接受米切尔已经走了的事实。米切尔已经死亡这个事实仍然会不时打击到凯莉。凯莉一声长叹，低声说道：“那天我需要填一个亲属关系的表格，我都不知道我该填什么……我不是任何人的‘另一半’。”我注意到她开始穿一些彩色的衣服，不那么艳丽，但不再只是黑色。这是她新生活的一个方面，缓缓推动着她走向一个新的未来——不是她曾经计划的，但是能让她在其中生活下去。

凯莉说她希望拥有整洁有序的精神世界，就像她整理过的放袜子的抽屉一样。但是生活艰难混乱，无法预测，她十分憎恶这种失控感。她还是会因为怀念跟米切尔在一起时的自己而悲伤。因为当米切尔成为她生活的一部分，爱着她，她发生了改变：她感到“内心变得强大，快乐，非常非常快乐，啊，我永远不会比那时候更快乐了”。我们承认她不会再是以前那个她，但是她可以成为另一个她，成就一个不一样的自己。

凯莉有一天跟我说，她希望和我谈谈怎么处理米切尔的骨灰，这让我很惊讶。他的骨灰装在骨灰盒里，已经在她的床边放了两年。米切尔的父母希望能将他的骨灰撒在一个他生前经常踢球的公园里。因为凯莉和米切尔曾经在那个公园里共度了许多时光，所以凯莉觉得这样做挺好。凯莉一方面希望他的骨灰永远不要离开她，但另一方面觉得把骨灰撒在公园里才是对的选择。我们的讨论遵循了我们熟悉的“推拉模式”（pattern of push and pull）。几周后她宣布，决定将骨灰撒在公园。米切尔的家人定了日子，邀请了几位最好的朋友。我和凯莉讨论了要怎么向达雷尔解释。她现在明白了她需要告诉达雷尔真相。达雷尔一直很好奇整件事情，如果凯莉谈起这个话题，接下来就可以跟随达雷尔提出的问题，一步步告诉他他想知道的，也可以避免让他知道他不想知道的。她对达雷尔说："你知道的，爸爸死了以后，他的身体不能继续工作，没有任何感觉，心脏不再跳动，所以我们把他的身体放在了一个特制的金属盒子里，盒子变得很烫，烫得把他的身体烧化了，只剩下骨灰，里面还有一些小块的骨头。我们一直保存着这些骨灰，现在我们要把骨灰撒在一个特别的地方。"这听起来有一点点残忍，但是达雷尔像大部分孩子一样，不会像大人一样对死亡那么敏感。他问了很多问题：有多烫？那个地方为什么特别？最后他们以凯莉给达雷尔讲他爸爸的趣事结束了讨论。仪式很简单：米切尔的爸爸抛撒了骨灰——凯莉没办法做这件事。一段沉默之后，所有人唱起了福音歌曲，哭泣，微笑，歌唱。这是一个对的决定。

凯莉在百货公司里做得很好，不过现在她已经扮演着和以前不同的角色，这让她身体里不依赖米切尔的一部分觉醒了。她时不时也会出去玩，但是，在与其他男人约会这件事上她还是感受到压力，还是觉得自己没有准备好。互助会成为她生活里非常重要的一部分：她开始跟会友们讲话，他们也给她介绍新朋友，让她建立自信。我能从这些日子里她说"你好"的方式看出来她的感觉不同了：她会带着一个大大的笑容来说"你好"。

痛苦还是会找上她，但现在她懂得怎么在内心宽慰自己了。她说：“早晨没有看见他的脸我起不了床。但是这段时间，如果我足够专注的话，我能看到他的微笑，这帮我渡过难关。”她是一个懂得爱又值得爱的女人，我不想看到她孤单一人：“我希望你再一次被爱。”她笑着看我，不再是第一次见面那样紧张的笑容，而是十分闪耀的，然后对我说她仍然深深地爱着米切尔，她不希望自己不忠诚。听到她坚定的“不”,我暗自想她生活的这部分可能永远留在“暂停”键上了。她可能不会再次按下“播放”键，但我希望有一天她能。她快乐的源泉是达雷尔,他现在已经四岁了,爱说话,生机勃勃。

我们可聊的话题越来越少。她的生活变得忙碌，人也变得更快乐。凯莉当然不会说她很开心这种话，但是她确实拥有了更多能量，从她害怕会击垮她的挫折中生存下来，这是件值得骄傲的事。最近，她在和一个同事的交谈中“笑出了眼泪”，她已经很多年没这么笑过了。她内心那个被霸凌的小女孩不再那么害怕，她也不用再继续“拉着我的手”了。

斯蒂芬

Stephen

斯蒂芬是个大腹便便的高个子男人，六十二岁的杰出的生物学家。爬楼梯到我办公室对他来说是件不太容易的事，他到的时候已是面色通红、气喘吁吁。他穿着剪裁优雅的斜纹软呢短外套和干净的绒面革鞋，这显示了他的品位。

这不是个想见治疗师的人，甚至并不真的相信治疗能够给他帮助。他的家人跟他说：“你需要帮助。”前不久妻子的过世给了他打击和伤痛，他用沉溺工作和暴饮暴食的恶性循环来麻木自己。他姐姐因此十分担心。她给我打电话，问我能否见见他，我告诉她需要由他自己提出要求。他和我约了一次评估面谈，那时他讲了他的故事。

斯蒂芬的妻子詹妮，六个月前因车祸受伤，猝然离世。从超市回来的路上，她的车在冰上打滑然后撞上了墙。发生事故的地点如果能往前三十米或往后三十米，她都能幸免于难。这是生活中每天都会发生的随机死亡。她脆弱的骨头被碰撞折断时，骨质疏松造成了致命的一击。

医院来电告诉他妻子出事的时候，他正在工作，等赶到医院，他被领进一个阴湿的小房间，被告知詹妮去世了。随后他被领去存放妻子遗体的房间，然而他无法让自己走上前靠近她，他只能朝门口走去。

我因为“如果……就好了”的残忍而战栗：一桩简单的家常杂务就可以结束一个人的生命。斯蒂芬安静地说着，并不看我，在每句话之间沉重地呼吸。他使用第三人称讲述，像一个看着自己的熟人的旁观者。我怀疑他是否在生活的所有方面都如此超然，他看起来像是那样一种男人，额头上文着“我只想平静地生活”。

我能够想象他的悲惨境遇，他告诉我：“给儿子们打电话是我经历过的最糟糕的事情，我至今能听到安迪的惊叫，那像是动物的惊叫。”儿子们在葬礼之后在家待了一两周，但是他们一走，他就发现自己下班回家后的大部分晚上，都对着一瓶灰雁伏特加。“在工作的时候我好像被迷雾围绕。”工作可以分散注意力，而周末在家，没有迷雾来遮挡惨痛，他就暴饮暴食。他跟我讲着这种模式时，眼光向下看着地毯。我则疑惑他是不是害怕我在评判他，而且不愿在我脸上看到这种评判。我感觉得到他这些行为背后的孤独与恐惧，我说，用麻木替代伤痛肯定感觉起来会好一点。他点点头，看起来我的话他多少听进去一些。

当我面对他坐着，我感觉到情绪激荡，似乎我感受和表达自我的能力会摧毁他。我也有一点被他的学术才华所震慑，因为我有自知之明，特别为自己不够聪明烦恼，我得注意让自己跟上他的思路。但那种受震慑的感觉并未消失，而且我们之间的距离看起来没有缩小：我感觉自己很卖力，问很多的问题，这对我往往是进展不顺利的标志。

最初几次面谈中，我好奇于斯蒂芬和詹妮之间是一种什么样的关系，她是什么样的人，他怀念她的什么。经由询问，我希望帮助他找到通过回忆联结到她的方法。我了解到，她曾经非常有吸引力，他们二十多岁时相识，约会了好几年，其时她想跟他结婚，但他却举棋不定。他讲述时，仿佛第一次领悟到，这是贯穿他们全部关系的一道裂纹：她怨恨他虚掷光阴——他用了太长的时间去决定跟她结婚，然后，用了太长的时间去决定要孩子。

当我发现自己对他的妻子产生了作为女人的同理心时，我把自己拉回到斯蒂芬一边。他显然很矛盾，这种矛盾来自他想“有逻辑而又万无一失”地行事的念头。他想赚足够的钱让自己在结婚的时候很富有。但詹妮在怀第二个儿子时遇到了困难，这也是她责怪他之处。

在某些方面，可以离开詹妮生活让他感到轻松。比如他回家的时候不再必须跟她说话，多年来她老生常谈式地抱怨他体重的增加，最后十年里跟他没有肌肤之亲。他总是觉得自己没有“满足”她，而且，她对他又失望又厌倦。他为此感觉内疚，但他真正怀念的是那个四人之家。她组织起了这个家庭并且是它的中心：节日、生日、周末。当他忆起那些日子，尽管他竭力平复，我也能感觉到他内心强烈的情感波动。我平静地说回忆这些一定让他非常痛苦，但是他没有任何反应，他不以为然，很快转移了话题。当我看到他紧紧握着拳头，我把他想象成一个六岁的男孩，指甲抠进了手掌。在那个时刻我不能推动他，因为那只会让他加倍防御，但是我掐算着时间。他愈是感到脆弱，“受到惊吓的教授”的形象就愈加浮现。

斯蒂芬有两个儿子：乔治，十八岁，念大学；安迪，二十四岁，做技术工作，跟朋友住。我问斯蒂芬他们表现得怎么样，他说：“孩子们很好，事实上，好得出奇。”他们有时在周末回家，父子三人会去看他们喜欢的球队踢球，一起吃饭，聊天——谈论各种事情，除了他们的妈妈。他们的家庭文化是回避任何困难之事，把它们密藏在厚厚的地毯之下。斯蒂芬告诉我，他们家的家训是“尽量少说，尽快修复”。我问斯蒂芬，如果他们谈论詹妮，如果他们往地毯底下瞥一眼，他觉得会发生什么。他的脸涨红了，眼泛泪光，轻声说道：“一旦开始悲伤，我们将无法停止。”他展露出了一小部分脆弱的自我，这让我们都对为什么他要阻止自己的悲痛多了一点理解。我开始同情他，同时我开始理解，他是他那个时代的男人，他那代的很多男人连一个表达情感的词都没有，于是难以把握自己的想法，有些人甚至不知道自己什么时候是悲伤的。我建议他们像家人一样一起散步聊天，这不会像坐在一起讨论那样让人紧张，可以让他们少一些目光接触，而并肩散步这样的活动似乎还能带来某种情绪放松。我建议他或许可以这样开始："我记得当妈妈……”他认可这是个有用可行的建议，他能够设想自己在他们一起去酒吧的时候这么说。在那次短暂的联结中，他好像对自己和其他人的关系有了新的认识。他后来告诉我，那有利于他们成为一个家庭。他有信心再次这样做。

每次面谈开始的时候，斯蒂芬刚爬完楼梯，都要先喘口气，然后过好一阵子情感才开始呈现。是的，“呈现式”（present-ish）——他瞬间释放向上腾涌的痛苦情感，这成为一种熟悉的模式。我对这种应对机制背后隐藏的东西依然缺乏把握，我或许已经知道了他的故事，但是依然不了解他的内心世界。我只能猜测他感到了怎样的悲伤、困惑、愤怒、无助、空虚。他对妻子的矛盾心理投射为对我们的面谈的矛盾心理，表现为，因为他的日程需要弹性，所以他不能定期前来。在时间弹性方面我比许多治疗师更加宽松，但是对于他，我问了出口，这么做是不是为了跟我保持若即若离的关系。他否认了这一点："不，不，这只是每天的实际日程，别想多了。"

我想知道他是不是还处在沉溺工作然后周末暴饮暴食的循环中，但我不想让他羞愧，也不想做他那个六岁的自我的妈妈而去检查他。我猜想，他可能是被卡在了同一个模式中。为了拉近我们之间的距离，我必须发掘我们之间的共同经历，我意识到斯蒂芬跟早年某一个时期的我很像，那时的我非常封闭，卡在了"咬紧牙关"的模式里。采取这种模式是有用的，有时甚至至关重要，但以这种不变应万变就成问题了——比如，发展亲密关系时是需要切换到另一个情感状态的。我问斯蒂芬，他小时候处理挫折的应对模式是什么。他告诉我，他来自北方，虽然他没有北方口音。他的家庭背景是工人阶级，母亲是爱尔兰人，虔诚的天主教徒，暴躁专横。他的父亲出身英格兰东北部，是个建筑工人，一个老好人，焦虑、安静、慈爱，但酗酒。这是一个男人教科书式的成长史，他给自己穿上盔甲对抗情感，尤其是女人的。我越是理解这些，就越能理解他，更加欣赏他的才华、他的脆弱，而不是被他的防御盾牌挡开。

斯蒂芬是经历过“二战”的那代父母的孩子，他们抚养孩子的首要信条是“不打不成才”。进了学校之后，他发现了自己大脑的力量，迎来了解放。他没有几个朋友，但是学业一帆风顺，考试成绩优异。学习让他兴奋，并且至今仍是他最大的快乐源泉，他可以花几天的时间研究论文，循着一个想法得出符合逻辑的结论。他并不特别喜欢教学，但偶尔也会因为一个聪明的学生感到惊喜。看着他谈论他的话题，我意识到我完全错了：这便是他的情感自我驻留之地。他喜欢他的话题，他的心活在他的智识思想里。

斯蒂芬不想也不知道如何接近他的情感自我，我能在他的眼睛里看到，这样的念头会触发巨大的警铃声。当我让他闭上眼睛，保持呼吸，专注于身体中的一个形象时，他什么也没看见——他绝对不会去到那里。甚至给他这样的建议本身就很白痴，正如我无法理解他的生物学专业领域，斯蒂芬也无法理解我的这个建议。

他最大的放松就是追看球赛。孩提时期他经常踢球而且踢得不错，现在没这能力了，但看球成为他每周的治疗形式。斯蒂芬在足球上投入了很大的热情，那种他不想带入其他领域的热情。当他说起自己钟爱的球队的一场精彩赛事时，他神采奕奕、活力四射，我能比其他任何时候看到更多的他。这是他和两个儿子之间的重要纽带，使得他们有了归属感，感受到了亲密。

在一次面谈的某个时刻，他说道："我收到了一份高薪的美国工作邀约，但是这个项目并不吸引我，钱没有任何意义。我想买到时间，但没有这个选项。"我告诉他我觉得这是个意味深长的隐喻，他深深地看着我笑了。詹妮的离世明确地粉碎了他的幻觉：死亡只是发生在别人身上的事。现在，他对自己的必死性高度敏感，最终领悟到了自己生活的意义。"我要确保自己活在生活的每一分每一秒中，"他说，然后引用歌德的话，"我要大胆地投身于生活之厚重。"

我断断续续地跟斯蒂芬面谈了十次左右的时候，令我很惊讶的是，他开始约会了，和一个经由约会网站认识的南美女人。我很惊讶他会通过网络约会，这与我对他的预判出入很大。我知道，研究表明，男人倾向于继续他们的生活，用他人取代他过世的妻子，而女人悲伤的时间会更长，但我还是一再惊讶于男人和女人完全不同的反应。斯蒂芬无意结束对相伴二十七年的妻子的哀思，她离世还不到一年。但他现在，已经在开始一段新的关系。受此暗中鼓舞，他看起来更有活力，并且自我感觉良好。

我意识到我在屈从于自己的偏见，这点偏见是在听过太多这样的故事后产生的：男人换人，女人悲伤。但是，当我坐在那里看着他时，我又为他高兴。我意识到他孤独了太久，事实上，他的孤独早于他妻子的离世很多年。十余年来，斯蒂芬早已和妻子没有了亲密的肢体接触，他们仅有的接触听起来更像是敷衍了事般的例行公事。这个新的女人能否与他长久相处并不重要，重要的是她点燃了他的新生活，身体的和情感的，他在前所未有的希望之路上。有一种亲密只有性能够制造，在那里，理性思考暂时让位于动物本能。经由这个女人，斯蒂芬可以触碰到一个年轻版的自我，很可能感受到自由。如今，他充满了可能性。我经常看到一段充满爱的关系具有怎样的改变人的力量：看起来被脆弱盔甲包裹的人可以在新的被爱中焕发光彩。

我一直没有搞清楚斯蒂芬身上发生了什么，因为他没再回来。有时我会寻思他怎样了，回忆起那个个子高高的、圆圆胖胖的、才华横溢的男人，他为思想所兴奋的时刻远多于为人。

反　思

Reflections

我们大多数人都想找到一个能够与之共建有意义生活的伴侣，共同经历生活中的快乐和艰难。爱情总是充满风险，它的维持需要自信和互信。然而，在成为伴侣时——无论是婚姻、同居还是其他伴侣关系——人们很少预想死亡，在老去之前不会去考虑。

鲜有他事堪比伴侣死亡的痛苦，它是未来之梦的死亡，也是二人当下共同生活的死亡，它是一种交互影响的情形的终结：伴侣关系、身份，通常还有财务安全都将被意外变故所影响。许多人在与伴侣的关系中定义自己，而后，当伴侣去世时，他们害怕自己会崩溃。他们的悲伤既是情感层面的，也是身体层面的，严重地破坏了他们世界的稳定。而失去伴侣最痛苦的一种情形就是成为单亲父母。

凯特琳、凯莉和斯蒂芬都经历了伴侣的死亡，但他们的共同之处仅止于此。他们每个人的反应是完全个性化的。他们的反应由许多因素结合形成：产生影响的不仅是基因构造、个性类型、围绕死亡发生的事件，也包括他们生活中发生过的故事、信念系统和期望。他们和伴侣的关系影响了他们的损失范围和他们悲伤的航向，尽管他们可以获得的支持也会影响他们在死亡事件发生后如何应对。

| 数量和态度上的性别差别

在我的工作实践中，我看到的失去伴侣的女性比男性多，但这并不能作为有效统计来反映客观情况。2014 年，英格兰和威尔士共有三百五十万名鳏夫和寡妇，大约占总人口的 7%。其中，男性占 48%，女性占 52%。失亲后，女性倾向于寻求社会支持，而男性倾向于依赖个人资源来应对。

要强调的是，心理咨询绝不是唯一的获取支持的方式，跟朋友诉说、写日记、画画——无论哪条路，重要的是找到表达悲伤的方式。

| 对待悲伤的态度的年龄差别

二十世纪六十年代前出生的那代人，在伴侣去世后往往不寻求治疗，因为他们被培养得独立自主，视任何类型的精神疾病为弱点。

有趣的是，当伴侣的死亡符合普遍的预期寿命时，八十岁以上的男性似乎会比同龄女性更为失去伴侣痛苦，需要更长的时间来恢复。我的猜测是，未来十年的研究将会表明，目前二十至四十岁的男性更有可能在他们年纪更大时寻求心理咨询的帮助——这是临床上已经观察到的，来见我的年轻男性在增加。

| 死亡前生活时间长短的差别

从统计来看，大部分伴侣死亡时都年事已高。逝者的遗属可能会很伤心，但他们也意识到这并不是悲剧，因为它发生在正常的生活跨度里。当一个久病的人最终逝去，尤其当他们临终饱尝病痛折磨时，死亡甚至可以说是一种解脱。解脱也可能来自伴侣不再需要担任护理者的角色，并且所有对个人自由的限制也将消失。

当死去的伴侣更年轻时，悲伤可能会更强烈：幸存的伴侣既为他们期望共同拥有的未来的幻灭而悲伤，又为死亡而悲伤。如果死亡是突发的，痛苦程度会进一步加深，即便这对夫妻年事已高，突然的死亡也会带来同样强烈的失去感。

悲伤对身体的影响

这是一个令人不安的事实，失亲者罹患心脏病的概率比一般人要高，一个失亲者患心脏病的概率是全国平均水平的六倍，这为“心碎”的概念提供了证据。一些新近的研究表明，66% 的遗属更可能在伴侣过世后的头三个月到几年里死亡。这得到了我们目前的细胞化学和生理学最新成果的论证，研究表明，从失亲者身上取出的活细胞，其活性不如那些来自非失亲者的。

男性失亲者

根据我的经验，五十岁以上的男性不愿意寻求帮助是很常见的，而且他们也不给自己什么帮助。研究表明，在不承认自己的受伤、愤怒和困惑的情况下，男性的心理和生理疾病的发病率会更高，而在失亲后，他们会变得更加忧郁。失亲之后的头两年，男性的死亡概率也高于女性。最近的一份心理健康报告指出了老年男性在寻求心理支持时所面临的困难，并提出了解决这一问题的不同方法。

正如斯蒂芬的故事中所提到的，男人往往在伴侣去世后一年内开始新的恋情，而如果没有发生，鳏夫会有三年甚至更长时间比失偶之前痛苦。

社会支持的重要性

社会关系和情感支持对男人和女人的幸福都是有益的。女性倾向于开放和表达自己是一个重要的疗愈因素，她们往往拥有更大的朋友圈，这给她们带来了心理上的优势。男性没有得到他们所需的来自朋友的支持，因为他们没有伸出求援之手。

从经济上来说，男性的物质收入大体上高于女性，因此，遭遇失亲时女性往往比男性承受更大的经济压力。她们可能不得不选择搬家，导致孩子的学校生活和友情被中断，或者她们可能不得不找一份工作，作为一个单亲家长这可能会非常困难，因为她们还面临着照顾孩子等问题。

毒品与酒精

对于那些失亲者而言，为了麻痹悲伤的痛苦而增加毒品和酒精消费是非常普遍的情况。我们可能知道这是恶习，但不管怎样，我们还是会去做。也许我们还没有完全接受酒精本身是镇静剂的事实，以及失去亲人的时候，我们尤其脆弱，容易受到毒品的影响，因为我们通常的防御机制已经不能正常工作了。用毒品或酒精“治疗”抑郁症只会使情况恶化，那些正经历着焦虑和抑郁的人成为重度酗酒者或吸毒成瘾者的可能性是其他人的两倍。英国有三分之一的抑郁者伴有毒品或酒精成瘾，这种习惯的根源经常在于没有解决掉的丧失感。

重度酗酒者和瘾君子之间的界限很难划分，但是他们对酒精或毒品的各自态度通常是有所区别的。瘾君子的核心共同点是他们选择了毒品，他们使用毒品是因为他们相信，如果没有它，自己就无法正常运转，它控制了他们。而重度酗酒者可能会暴饮暴食或经常过量饮酒，并可能对酒产生依赖，但他们仍然相信自己是有控制力的。酒精或毒品上瘾通常是在家庭当中发生的，并可能存在遗传倾向，有些人则认为这是一种人格类型。但代际传递过程中最可能产生影响的因素是条件作用：孩子从父母那里学到，喝酒或吸毒是面对困难的一种可接受的方式。

无论滥用的原因是什么，毒品和酒精都使失亲造成不良后果的风险上升，并因此累及他们的孩子，有时甚至是数代。成瘾会阻止人们接受事实真相——而正是这种不面对现实的极端行为阻止了人们摆脱悲伤、体验上天赋予他们的完整的生命。

| 性和关系

凯特琳和斯蒂芬对性的需求是对死亡的一种健康的生物反应，表面上，是一种创造新生命的冲动。悲伤的人们常常试图使自己与性联结，意欲凭此击退死亡的感觉。性冲动是自我有趣的、有创造力的一部分，它寻求活力和不可预测性。对于那些感觉孤独和与他人隔绝的人来说，这也可能是一种安慰。当人们的内心世界脆弱不堪时，想抱紧别人是很常见的。

这种安慰性的性爱的一种极端表现是做出不计后果的行为，人们可能把它当作逃避其他所有感觉的手段；或者，因为感觉当下的生活很危险，所以他们忍不住想要测试这种危险。而另一种极端表现则是彻底拒绝性行为。我在工作中遇到过很多这样的人，他们可能筋疲力尽，或因自己有任何乐趣而感到内疚。有的人甚至觉得死去的人在看着他们，让他们无法与新认识的人建立关系。

对那些放下过去继续前进的人来说，横亘在前的最大问题是他们的孩子。一种新的关系不可避免地会对孩子产生影响，无论他们是年幼还是年长。而是否过渡得当决定了能否皆大欢喜。我经常看到青春期甚至成年的孩子为接受丧偶父母生活中的新人而挣扎。二十岁的失母的女儿总结了这种冲突，她说："我希望爸爸快乐，我也喜欢萨拉，但是我还是觉得他对妈妈不忠，我讨厌她在妈妈的床上、妈妈的卧室里，她在厨房里做饭时我想大叫。"她会躲进自己的卧室不出来，直到父亲的新女友离开，以此表示抗议。在这样的情况下，父亲或母亲需要具备充分的敏感度，同时需要足够的耐心和坚持：当孩子要求必须为纪念逝者而牺牲新伴侣的时候，既不要让步，也不要失控。你可以尝试这样一些做法："我和吉莉安谈恋爱，你没有权力阻止这件事——但我的确理解这让你感到多么不舒服，让我们想想怎么做会好点儿：比如说，拨出只属于我和你的特定相处时间，也想一想能和吉莉安一起做些什么事……"

死亡终结了生命，但它并没有终结一段关系，而幸存者往往要奋力解决看似无法解决的矛盾。我们需要更好地理解我们的能力，作为一个人，我们拥有多重关系，要同时把握我们过去的和现在的爱。解决悲伤问题不是回到以前的生活，因为没有回头路。它更像一位失偶的妻子所言，是找到一种新的常态。这一过程不能由家人和朋友匆忙完成，他们可能想通过安排一段新的关系来“治愈”一个寡妇或鳏夫。无论这出于多大的善意，事情往往都以灾难结束，因为恢复和调整所需的时日可能比很多人认为的长得多。

同样地，如果朋友们认为一个人过快地对伴侣的过世翻篇，在一段“可接受”的时间过去之前就开始约会新人，他们也会评头论足。比起愤怒地离开这些朋友，花点时间听他们解释观点是更好的选择。悲伤没有对错之分，我们要接受任何形式的悲伤，我们自己的和他人的，并且找到力量与这种接受共处。

失去父母

When a parent dies

逝者活在生者的记忆里。

——马库斯 · 图利乌斯 · 西塞罗（Marcus Tullius Cicero）

布丽奇特

Brigitte

我和布丽奇特见面前曾在电话里详谈过。她是一位五十二岁的出庭律师，她妈妈心脏病突发去世了。她愤怒地说所有人都对她说她需要“给自己支持”，但她甚至都不知道这是什么意思。我明白，被告知你需要支持是件多么令人烦躁的事情，但有些人确实会因为一个比自己更懂自己的朋友在肩膀上的轻轻一拍而受益。在那个很长的电话还与掌控有关——我的掌控和她的掌控。她想知道我怎么工作，我对来访者运用什么模式治疗，能不能帮助到她，可我怎么“知道”我能不能帮助到她呢？找一个两人都有空的日子费了很大的劲。当布丽奇特不断表达想在晚上见面，我在掌控力上的问题就出现了——我晚上不工作。我仔细想着：难道没说清楚“我晚上不工作”吗？她的请求让我觉得有些烦躁，因为我觉得她在挑战我的底线。我同时认为她其实正在纠结是否要寻求帮助。她可能不愿意成为一个被治疗的人。在六个月断断续续的联系后，我们终于见面了。

布丽奇特和我想象的完全不一样。她身材娇小，打扮精致，拥有整齐的棕色长发和做过美甲的手指。我不禁疑惑在工作这么忙还要照看一个孩子的情况下，她怎么还能把自己打扮得这么光鲜亮丽。她是紧张的，虽然坐得笔直，但敲击桌面的手指暴露了她的焦虑。我很开心终于见到了她，有机会更深入地了解她。她鼓起勇气以一种她并不熟悉的方式寻求帮助，让我感到钦佩，而这也说明她一定处在极大的痛苦之中。为了让一切更清楚，好不让她那么将信将疑，我再一次向她介绍了我的工作：我的收费、面谈的签约次数、反馈、我的记录、保密规则，以及唯一我可能会打破保密规则的情况——如果她有伤害自己或他人的危险，我有责任联系她的全科医生。

她用布满阴霾的眼睛警惕地看着我：对她来说信任我需要时间。我请她介绍一下自己。她出生在德国，是一位因工作辗转于世界各地的工程师和他妻子的独生女。从十六岁开始，她在英国接受教育，建立生活圈。她的父母也在退休后到英国。她有一点轻微的口音，说话时遣词造句十分谨慎。她担心着她的父亲、深爱她的丈夫汤姆和她正处于青春期的女儿泽尔马（她是以布丽奇特母亲的名字命名的）。

当父亲给布丽奇特打电话说母亲心脏病突发大家必须立即去医院的时候，布丽奇特正在工作，不过幸好不是在法庭上。去医院花了四个小时，布丽奇特告诉我，在火车上她有多么焦虑，不知道母亲的生死。她跑进医院，穿过明亮的走廊，迷失方向，最终好不容易走进一间简陋的诊室，看到了母亲。母亲已经走了。“看起来像是妈妈，但是她已经走了，那不是她。我摸了摸她，她是冰冷的。她在两小时前走了。”我注意到她在颤抖，意识到死亡的寒意依旧存在于她的身体里。她机械地说话，理性与情感之间没有联系。她就像在说一件发生在别人身上的事情。

因为这是一场突然的死亡，所以必须进行尸检，这让布丽奇特感觉很不舒服。但是母亲的遗体在检查后依然完好，布丽奇特很庆幸自己在母亲下葬前能再见她一次。“我坐在她旁边，没有坐很长时间。我轻轻吻了她的额头，跟她说话。”布丽奇特在母亲的棺材里放了她最喜欢的玫瑰，给她穿了她最喜欢的裙子，在她脚上套上袜子，因为“她的脚总是冰凉的”。家里安排在葬礼前将遗体送回家中——“我们希望她能再看一眼她的花园。”他们选择了一个封闭式的柳棺，所有的亲戚都来到家里跟她告别。布丽奇特不大记得清葬礼：就那么模模糊糊地过去了。她本希望她能记得。所有人都对她说“你表现得很棒”和“你真勇敢”。但她一点不觉得自己勇敢。她觉得自己灵魂出窍，正在旁观一部不真实的电影，她很想醒过来，发现妈妈回到她身边。

几个月后我发现，布丽奇特和她妈妈异乎寻常地亲密。她们每天都聊天，有时候一天要聊好几次。她妈妈每个早晨和晚上都给布丽奇特发短信。这样的亲密让我想到“母乳喂养”这个词，我怕这让布丽奇特感到羞惭所以没有对她说，但是这个词很好地象征了她们母女关系之亲密。母亲是布丽奇特努力想成为的人。每当有好事发生，布丽奇特总是首先和她妈妈说。我能看出她努力寻找可以表达自己的话语，但是身体的另一部分正试图把那些话语压下去。她试探地说出了“我”这个字，然后大声哭喊“我好想她”，似乎说出这些话并面对现实会让她直接崩溃。但是，随着她说出想说的，流下眼泪，她发现她所恐惧的崩溃其实是一种敞开心扉，一种释放。

之后，她语气中略带幼稚，又有点叛逆地看着我说：“现在应该是我妈妈来安慰我。”我知道我无法替代她的妈妈，任谁都无法替代。我也知道如此需要一个人会让人感到多么害怕，所以学习安慰自己至关重要。

在一次面谈中，布丽奇特告诉我，前一天她失控地叫了出来，这让她感到非常担忧，但在我听来，她似乎终于进入了悲伤的必经过程。她很怕余生都会这么思念母亲。母亲的认可是她一切行动的动力，而现在她找不到任何行动的价值和意义了。我听到她反复说，是妈妈的以她为傲，以及妈妈的面容和充满爱的拥抱鼓励她走向成功。她现在对自己的人生不知道该相信什么了。

布丽奇特无法让自己闲下来，她给自己安排了明知超额的工作。我们讨论了为什么她会让自己变成一个连轴转的工作狂来惩罚自己。这是关于失控与否的问题。当她不工作的时候，她会感觉失控，不断转来转去地寻找她的妈妈。她担心自己会失去想象妈妈的能力，担心会忘记她。她非常想念妈妈：反复播放妈妈的语音信息，希望能钻到电话里去找到她。她身体里紧锁着对于死亡的愤怒——沉默的愤怒，她不知道如何让自己轻松一点。布丽奇特无法再去她曾和母亲一起去过的任何地方，甚至不能经过星巴克、Zara（飒拉），以及她们最喜欢去的当地餐厅。她设计了特殊的路线来避开这些地方。一些像歌剧这样的音乐能安抚她，但其他音乐只会让她陷入悲伤。好不容易睡着后，她又会在睡梦中哭醒。面对新的一天令她恐惧，她必须强迫自己才能起床。只有跑步能减轻痛苦，所以每天早晨她都跑步。

布丽奇特觉得母亲去世前后的自己分裂成了两个人，原来的布丽奇特已经和妈妈一起死去了。她的丈夫汤姆，一直说会照顾她，但是他不能代替母亲。他对布丽奇特的状态感到疲惫不堪，很希望原来那个布丽奇特能够回来。但是布丽奇特非常肯定原来的她再也不会回来了，现在的她总是朝丈夫大吼，好像失去母亲给她带来的痛苦赋予了她随心所欲的权利。而这种权利让丈夫的所有需求黯然失色。这导致他十分愤怒，不再对布丽奇特做出回应。这样的状况在他们之间持续，发展成一个痛苦的死循环。对于女儿泽尔马，布丽奇特也变得不够耐心。泽尔马厌恶母亲的现状，怀念以前的母亲。泽尔马对布丽奇特说，她认为布丽奇特现在的样子非常“可悲”，这个词很让人受伤。为了保持与女儿的正常关系，布丽奇特开始驾车送女儿上学。但是泽尔马并不愿意同她说话，而布丽奇特最终又是对她大喊大叫。

在治疗进行了多个星期后，布丽奇特描述自己的状态是“在悲伤中堕落”。这个过程并没有让她变成一个更好的人，反而唤醒了她身体里的“怪物”。帮助布丽奇特整合不同的自我是我的重要工作。虽然她认为过去的自己已经死了，可是我不这么认为。我认为母亲的去世唤醒了她性格的一部分，一个她并没有体验过，并且十分抗拒的部分。根据环境和身边陪伴的人的变化，她的自我结构也会像变色龙一样随之变化。她是一个孤独的孩子、一个令人敬畏的律师、一个充满爱的妻子和母亲，同时也是一个易怒、不耐心、大吼大叫的妻子和母亲。

后来，她终于挖掘到了心灵深处的那个孤独的自己，那个“沙发上的胖女孩”。经由这个发现,我们的关系开始发展。我经常指出她倾向于贬低自己，这种习惯深入骨髓，以至于她意识不到自己在这样做。我把她这样的行为称为“差劲的自我审视”，而这种自我批判无情而频繁。当我们试图深度探索这个问题时，我们逐渐了解了年轻时的布丽奇特。那时的她在学校不受欢迎，因为身材肥胖而被霸凌。她保护自己的唯一方法是努力学习，考出好成绩。她为那时的自己感到羞耻，虽然那样的性格对过去和现在的她都有很大的益处。当有一天，她给我展示十几岁时的照片，我深感震动，生出怜爱之情。照片上的女孩完全无法与今天这个女人联系起来：大笑，直发，戴眼镜，肥胖。“沙发上的胖女孩”成为她自我攻击时我们常用的短语。作为旁观者，看着她如何打击和憎恶“沙发上的胖女孩”，我感到不好受。我们发现，她对自己说话时带着恶意，她从来不会对朋友那样说话，甚至不会对陌生人那样说话。那些话表面上像是低声连续的呢喃，但从深层来讲是腐蚀和掏空自我的。我的目标是在她心里种下一颗意识的种子，让她认识到她是一位有价值、值得被尊重和被爱的女性。

布丽奇特非常爱她的丈夫汤姆。而且对于她来说，来自丈夫的爱也一直是她建立自信的根源，让她能一点点减少那个孤寂的小孩强大的存在感。他被她生理性地吸引，爱她的身体，享受观赏、触摸她和与她做爱。这种联结是他们的亲密关系的主要支柱。但自从母亲去世后，她再也没有与汤姆有过性行为。第一个月，他选择尊重，但现在，他的无奈已经转化成愤怒。这是因为他爱她——恨并不是爱的反面，冷漠才是，但是布丽奇特太过专注于自身，以至于她并未意识到这些。她的回应是进一步远离他。于是汤姆教训了她，告诉她拥有他和女儿以及他们共同的生活对她来说是件多幸运的事情，告诉她母亲并不会希望看到她现在的样子。但他这样做只是成功地将布丽奇特推得更远了，让她感到前所未有的不被理解。她感觉母亲就在她身边，看着她，这让她根本不可能有性行为。

我们聊了更多之后，我向她反馈我能看到她对汤姆无声的愤怒，同时看到那个年幼的，只想被妈妈拥抱、安抚的小孩。悲伤带来的痛苦是让她感到母亲还在她身边的东西，她显然还没做好放弃这唯一纽带的准备。我们一起讨论她怎样才能让她性格的不同方面和平共处。她无须为了感受和母亲在一起而疏远汤姆，她可以让自己在这两段关系中走动。

工作的消耗性质可以让她转移注意力，但同时也让她精疲力竭："持续不断的工作需求和家庭关系实在太难处理了，当泽尔马发着青春期的脾气时，我也想像她一样发泄。"她一贯被当作一个应付裕如的人，一个能被依赖的人。干脆崩溃一次的想法好像很有意思。我问她是否有说"不可以"的能力。如果她能有一个她认同并且依靠的恰当的"不可以"，这将会帮助她远离那些她不想做，或者她没空做的事，也能让她的"可以"变得更有力、更积极。布丽奇特能够理解边界的概念，也明白清晰和果断的"可以"与"不可以"带来的好处。但是在此刻，她无法在生活中实施这一点。我发现，说"可以"、一直很有能力和可以被依赖，这些是她人格的关键部分。只有更强大，她才可能在这方面变得更能照顾自己的需要。

布丽奇特此时非常缺乏给予和爱的能力。她不喜欢自己对泽尔马怨恨和愤怒的情绪，但是她并没有去处理这些情绪，反而将它们投射在泽尔马身上。"我女儿让我很生气……这是她的错。"当我温和地提醒她，她正在迁怒于女儿时，她大声反驳我。她认为我在用一种她不能接受的"说话疗法"批评她。说得不错。我告诉她与我发生争论对于我们的关系十分重要，之后我们就可以讨论这些争端，修复裂痕。我想到良性的分歧可以成为治疗进程的核心，产生出人意料的极富创造性的有益结果。

尸检结果显示布丽奇特的母亲动脉萎缩，换句话说，她的死亡不可避免。这个结果让布丽奇特不断循环的“如果当初”的想法结束了。她回到母亲去世的医院，感谢当时的治疗医师和护士对母亲的照顾。她走过走廊，在母亲死后第一次握住父亲的手。他们一起去扫墓，一起哭泣。还有一些好的事情让她感到振作：有一天她在地铁上默默哭泣，一个完全陌生的年轻男人温柔地递给她一张纸巾。这个小小的善意举动，让她无法忘记，一直鼓励着她。

布丽奇特仍然因为妈妈的死而感到绝望，但是她明白她的家人和朋友认为她该走出来了，认为她的痛苦能随时间的流逝越来越少。他们不想再和她讨论她妈妈了。他们希望她变得正常，生活回到正轨，快乐，能够出去玩，但是她显然都做不到。因此，她远离人群，用尽全身的力气忍受着一阵阵痛苦而寒冷的孤独。和我谈论母亲的时候她经常会哭。她们都很爱衣服，经常一起购物、逛街、试衣服。虽然母亲是个喜欢冒险的女人，而且因为丈夫的原因曾经在多个国家居住过，但是她主要还是在扮演传统的母亲和妻子的角色。然而，她希望布丽奇特能有所不同，向布丽奇特灌输了关于独立有多么重要的想法，独立是可以通过工作、职业成就和充分利用大脑来实现的。

布丽奇特度过了一个毫无喜乐的圣诞节，而过往的欢乐记忆令她佳节倍思亲。接下来，是不断接近的对于布丽奇特来说非常可怕的忌日。能够唤起记忆的气味、天气、忌日的倒计时——布丽奇特感到自己正在被拉回那一天，重新经历母亲去世的每一刻。她的焦虑发展成的恐慌让她心力交瘁，她只能暂停工作。但是最后真正的忌日并没有像她想象的那么糟糕。那一整天她都和父亲待在一起，他们一起去了墓地，守在墓旁，并没有讲话或走动，只是坐在那儿，把这时间留给母亲，纪念她。

布丽奇特的悲伤还影响了她生活中的另一段关系，这使她长期处于轻度抑郁中。她最亲密的同事，一位出庭律师，同为双重角色中的女性，与她分担繁重工作的压力，也分享所有成功，她对布丽奇特失去母亲这件事却表现得十分“混账”。“妈妈去世的时候，丹妮尔只敷衍地说了句类似‘我感到很遗憾’的话，然后再没有一个字。她从来没问过我过得怎么样，也从没提到过我妈妈的名字，现在我无法正视她。我们曾经很亲密——我们经常去彼此的办公室串门，但我们现在连话都不讲了。我很想念她，但也对她很气愤。”我问布丽奇特准备怎样修复这道裂痕,她的答案是“什么都不做”。她的愤怒甚至在升级，因为她觉得：“我甚至都不该想她——不该花时间考虑这件事，但每当我去工作时，这件事就让我很困扰。”虽然非常想念她的朋友，但布丽奇特打消了所有和解的念头。但当时她确实没有力气再去为了这段友谊折腾，我希望当她开始好转时她会做点什么去解决这个矛盾。但是我也同样明白，有很多友谊正是因为其中一人不会、不能或者不知如何正视悲伤而结束。

某次面谈开始的时候，我夸奖布丽奇特看起来很时髦，她回应我“感觉越糟的时候，我就会打扮得越好看”，说完我俩哈哈大笑，这笑揭示了一个基本事实：有时候我们需要拥有一些积极的习惯来帮助我们振作起来、走出家门。尽管布丽奇特在法庭上一直很成功，但是她对自己能否继续高效工作很没信心。

夜里，她经常会在黑暗中疲惫而愤怒地哭泣，被妈妈、妻子和律师的三重角色转换所带来的压力压垮。她说：“我需要一个妻子，一个无比好的家庭主妇。”我点头表示强烈赞同：是的，她需要，再需要不过了。当今世界，我们相互传染忙碌病，布丽奇特展现了这种“病”的所有症状。那个近乎嵌在她手上的智能手机，完美呈现了一个错误观点：忙碌就是高效。她在手机上进行日常购物，买去美国的机票，安排会面，与世界各地的人谈话。但是，正因为不断地看手机，她忽视了自己的感受、身体出现的不适信号，这些本应该是被重视的信息。这给她一种自己很高效的错觉，似乎只要她能够一字不落地接收屏幕上的信息，就能完成任何事。把所有精力投入手机意味着她身上能经受住无力、无用、不确定状态的那一部分渐渐萎缩了。我建议她可以跟着冥想的应用软件做一个放松训练。她像听不懂我说话一样看着我说："我哪有时间做这个？"

这些还不是全部，布丽奇特同时非常担心她的父亲，频繁地探望父亲这件事也让她精疲力竭。她恨自己无力帮助父亲，看到父亲的悲伤和痛苦加深了她的悲伤痛苦。但是未曾料到的好处是她感觉自己与父亲更亲密了。父亲总是表现得克制而疏离，这点并没有改变；但因为两人一起分享了时光，一起做了些比如烹饪和购物的小事，他们得以锻造出一份陪伴感来给予她安慰。

随着时间的推移，她和泽尔马的关系也有了改善。女儿并没有因为外婆的去世而悲伤，这让布丽奇特感到十分痛苦。布丽奇特看到泽尔马在葬礼上哭了，但是她自己的情感能量已经耗尽，顾不上去和女儿聊聊，问她感觉如何。奇怪的是，她发现自己对于泽尔马仍然有妈妈这件事感到了一点嫉妒，因为布丽奇特自己的妈妈已经走了。当她听女儿说她是多么爱外婆时，布丽奇特感觉与她更亲密了一点，最终她们还找到了分享这份爱的方式：她们一起去了布丽奇特母亲的房子，精心挑选她们最喜欢的盘子，带回家，洗干净，放在厨房的架子上。尽管有着泽尔马青春期的焦虑和布丽奇特的悲伤，但她们发现她们依然可以一起玩乐，做一些布丽奇特曾经和她的母亲做的事。

很难说出在哪一个时间点布丽奇特的悲伤开始退去了，正常生活逐渐回归：有些时候这个转折随着时间渐渐发生，有时候又会是一个突然转变。对布丽奇特来说，后来的几个月，她发现自己会主动选择积极的事情去做，这让我知道她准备好了再次投入自己的生活。当布丽奇特连续三次因为工作以及和其他人的约会没能来面谈，我意识到她真的在逐渐好起来，可以将妈妈的爱温暖地深藏于心——与妈妈对话，问她问题，同时也在外面的世界积极生活。在一次面谈的最后，我们做了一个温暖的视觉化治疗：她可以去到她体内一个安全的地方，被妈妈照顾，感到平静。这让她能够接近心里那个妈妈，而不是那个因为悲伤而疯狂的孩子。

过完一个不错的夏天之后，她顶着一个新的发型走进我的办公室，同时带来了她觉得自己与汤姆更亲近了的消息。

我感觉我们已经做完了布丽奇特需要做的所有事。她发展出了一个情感力量内核，并且深刻明白怎么支持自己走下去。我们都为这段关系的结束感到轻松。我们在治疗室里创造的那个安全空间让布丽奇特能够处理和理解自己的感受。现在，就像我们都知道的那样，当失去妈妈这件事再次让她低落失控，她已经可以为自己创造这个安全空间了。

麦克斯

Max

麦克斯二十九岁，但是看起来要年轻得多。虽然出生在美国，但是过去十二年他都生活在英国。他跟着父亲和父亲的第三任妻子一起搬来。麦克斯又高又帅，看起来很有运动细胞，棱角分明，拥有一双闪亮的蓝眼睛。他无精打采地站着，像是想让自己看起来瘦小一点。但同时，他又充满活力，是一路跑上楼梯来到我办公室的。他剃掉了半个脑袋的头发，那一侧的脖子上能看到一个“攀爬”其上的文身，另半边脑袋上，金红色的头发散落着。

当我有冲动帮他收拾仪容让他看起来更“清爽”时，我意识到自己老了。他激发了我的母性，但我还需要继续做他的心理治疗师。他是玩音乐的，以做 DJ（唱片骑师）为生，偶尔弹弹吉他。

是因为和女友米娜分手，麦克斯才来找我的。听起来那像是一段很糟糕的恋情。我丝毫不怀疑麦克斯对这段关系的终结负有责任，但是我坐在那儿听着，还是被这段感情的不正常震惊了。我很疑惑为什么麦克斯要留在她身边。这段感情开始在三年前，那时候他们爱得很深，充满激情。但是当令人神迷目眩的第一个月过去后，这段感情变得危险而有操控性。麦克斯渴望获得米娜的青睐但是米娜会冷落他。然后，在麦克斯最绝望的时候，米娜又开始引诱他，但是拒绝亲吻他，只想要狂野的性爱。麦克斯认为米娜通过性操控着他。他一直在想怎么才能让米娜像一开始一样爱他。他在脑海里一遍又一遍排练与她的对话。有时他会获得一点点希望，让他重新回到这段关系中，但是随即而来的又是残酷的拒绝。

有一天麦克斯偷看了米娜的手机，发现她正在付钱和陌生人做爱。他登录了她的网络视频账号，寻求了同样的服务。他告诉我："我上瘾了。"他从未告诉过她，自己知道这件事。他开始无法自拔地频繁查看她的邮件。我问他是否在这段关系中感到被羞辱，他似乎无法理解这个问题。他非常天真地注视着我，就像在说："你是什么意思？这很好玩。"甚至当他告诉我米娜已经因为另一个男人甩了他时，他仍然在幻想如何让她回来。他希望和她有个孩子。他知道，从某个层面上来讲，米娜带给他的只有伤害，但是在另一个层面上，他骗自己说如果可以让她回来，那所有问题都将迎刃而解。我直言不讳地告诉他：这段关系是一种自我伤害和成瘾行为。他的行为符合成瘾行为模式：永不知足；尽管清楚地知道这件事会伤害自己但依然继续，无法停止；认为只要自己能找到那句有魔力的话语来赢回她，一切就都会好起来。他若有所思地点着头离开了，但是我知道他在关门前仍然在计划怎么让米娜回来。

当我了解了麦克斯母亲的死亡，他这种行为的根源对我来说就变得清晰了。他们那时住在哥伦比亚，麦克斯四岁半，他的两个姐姐一个六岁，一个九岁。劫匪袭击了他们家，爸爸将他们赶了出去，妈妈跟在后面，当她弯腰去捡一个掉落的东西时，劫匪转身开枪击穿了妈妈的心脏。麦克斯并不记得这些，其实，他对妈妈没有真正意义上的记忆。他告诉我他非常嫉妒姐姐们——她们能记得她，但麦克斯不能，这不公平。“我可以做任何事，只要能和她吃顿午饭，就一顿午饭，那样就够了，或者喝杯……但是，哎，我不知道她喜欢吃什么喝什么。也许她喜欢葡萄酒。”让人感到痛心的是，他只有那么小的一个要求，这要求对于别人的儿子来说几乎无须争取，但对麦克斯来说，这是一整个世界的财富。

这场悲剧之后的生活动荡而支离破碎。他们的爸爸第二年再婚了，继母带来了自己的女儿。过了几年父亲又离婚了，他们家和继母没有了来往。他爸爸的第三次婚姻是和一个英国女人，这个女人掌握了财政大权。他们生了两个孩子，对这两个同父异母的弟弟，麦克斯又爱又恨。但他显然很厌恶他的继母，不管是他还是他的姐姐都没有在继母家里受到欢迎。她把麦克斯的房间改成客房，这成了压死骆驼的最后一根稻草。

麦克斯的父亲很爱他，但是人格混乱，前后不一。他听起来像是那种会让人因为他的魅力而着迷的人，但是他的缺点也真的伤害到了他身边的人。尽管麦克斯妈妈的死是源于非正常暴力，他爸爸后来的行为看起来却很正常：投入新的婚姻，不断地搬家，与儿子保持距离。安全感的缺乏导致麦克斯渴望爱一个人几乎成瘾，而他选择了一个最不可能给他这种满足的人。

我问麦克斯希望从我们的心理治疗中获得什么。他不大知道："或许是让我感觉好一点儿？"他希望我来告诉他他需要什么。他像是觉得我可以给他提供一本生活指南。我意识到他的"不知道"类似于我开车时看不懂地图因而找不到路的耻辱感，对于自己的无能的耻辱感。我可以感觉到自己有冲动让他坐下，颐指气使地告诉他该怎么"整理他的生活"，从不再给前女友发送表达自己强烈渴望的长邮件开始——他无论如何都该和前女友切断联系。在我眼里，他真的不知道怎样为自己负责，不知道孰是孰非，没有做决定的基本能力。他看起来只想寻欢作乐，逃避一切令他不舒适的事务，他笑着说："那感觉太糟了。"后来我很快明白了其实我需要做的是给予麦克斯支持，让他感觉安全，提供给他合适的心理治疗，让他积攒起自己的能量。

几周后，他进来的时候说："如果我在来见你的路上死了，是不是太可怕了？"他没戴头盔，骑着自行车，在车与车之间疯狂穿梭，差点发生意外。他承认经常置自己于危险中："我是一个喜欢冒险的人，一个非常喜欢冒险的人。"然后他向我讲述了一连串危险的交通事故和未遂事故，骇人听闻。

我一边庆幸没出事，一边后怕地告诉麦克斯我很担心，同时也很生气。我怀疑他是不是在以某种方式测试自己，但他仅仅是笑着说："我是个傻瓜。"然后又说："我需要一个人监督我。"我试图理解他这句话的深层含义，我们俩都好一会儿没有说话，然后他说他能感觉到母亲的存在，仍然能感受到突然失去她的尖锐的痛苦。我在心里想我是否可以作为他母亲的替代者存在一段时间。

帮助麦克斯最好的办法似乎是搞清楚他强迫症般的行为下，从不闲着的脑袋里究竟在想些什么。我建议我们做一个视觉化治疗（visualization）。麦克斯闭上眼睛，看见自己“处于一个灰色的边缘地带，非常孤独、绝望”。当我问他需要什么才能感受到安全时，他说他想象不出一个能令他真正开心的地方。几分钟后，眼泪从他的脸颊上流下来，通过想象一个有着小溪和桥梁的牧场场景，他迈出了创造一个“安全的地方”的第一步。我让他深呼吸，跟随他的感觉——他的感觉在他的身体里穿梭来去，一会儿激越，一会儿柔和。他告诉我他看见了妈妈的形象，出乎意料地真切，正和她的朋友聊天。他不能靠近他妈妈，但是小声说了句“嗨”。我被那声“嗨”深深感动，我感受到的那种心酸后来长留在我心里。这简简单单的一个字概括了母亲的缺失和他用尽生命追求的东西。

麦克斯从来不会搞错治疗的日期，并且从不迟到。对于一个生活这么没有秩序的人来说，这是出奇地负责任。他总是跑上楼梯，充满活力，占据了椅子，左右晃动，哈哈大笑，富有魅力，喜欢闹着玩。我们很早就意识到麦克斯的每个行动都是为了达到短期的愉快，但从长期来看结果却是失败的。我想起了安妮·迪拉德的一句话——“我们度过每一天的方式当然就是我们度过这一生的方式。”于是我问麦克斯：“你怎么度过你的一天？”一般来说他会起得很晚，然后一整天乱忙一通。“我是一个喜欢乱忙的人。一整天就这样忙来忙去的。我内心有冲动让自己去忙。”当他意识到自己什么也没干的时候，已经是晚上了，这时候他只能希望自己明天比今天更高效一些。任何玩乐的邀约他都以一声毫不犹豫的“好”答应，不惜越界。有些晚上他做 DJ，但其实他想做音乐人，却从不努力写歌。

麦克斯也经常有情绪崩溃的时候。他会说：“我现在就能哭出来。因为我知道我告诉自己要去做的事，我都没有做。这里面有一个巨大的落差，而且我不知道该他妈的做什么事来改变。我现在感觉糟糕透了。”然后他会笑着将他的运动衫拉起来盖住脸，就像想把自己在我面前藏起来。我问他：“如果你现在不笑，你会怎样？”他愣住了。“哭。”他是怎么竭尽全力让自己不那么悲伤，让自己的父亲不那么悲伤的，这整个过程逐渐变得清晰起来。

麦克斯还在给米娜发邮件。我们讨论了对他来说相信这段关系已经结束有多难。我轻声地说：“接受正与幻想相反的现实，可能是这悲伤中最难的部分。”我们把这件事联系到他的母亲，对于麦克斯来说，母亲的死亡也是无法接受的。

就像麦克斯说的，他认为感受痛苦是他与母亲交流的唯一渠道，如果他不再感受到痛苦，那感觉就像他抛弃了母亲。他满脸泪水地告诉我，他母亲被杀害已经够糟糕了，所以他更不应该抛弃她。而且他也认为，从更深层面来讲，从她死去开始，麦克斯就承担起开心果的角色，为了让每个人开心，他需要耍宝，让自己看起来很快活。他是家庭关系的润滑剂，这种工作一直以来都很难，在这个过程中，麦克斯付出了代价——无法自我认同。

接下来的一周麦克斯非常开心。“上周我们讨论完我没办法做任何事，没办法抛弃母亲的情况后，我回家写了一些东西，那真的改变了我。后面几天真的非常非常奇怪。我突然变得不再感觉‘现在不够好’了。实际上，凭什么我有些事没有别人做得好呢？我感觉自己突然很有干劲。”那次谈话激发了他的能量，他感觉非常好。

除了这个想法上的改变，接下来一周他感到一股巨大的焦虑，这焦虑遮盖了所有其他感受：他夜里睡不着，第一次开始担心钱和未来，他觉得自己在余生会因缺钱而孤独挣扎。他在一个朋友家吃了晚饭——朋友家里有一个点着火的壁炉，孩子们在吃一只烤鸡，这看起来既普通又特殊。几天后他发短信给我说：“这一切都关于爱。”他意识到他想要什么：一个家，一种正常的生活。但建立这种生活目前对他来说简直不可能。

麦克斯变得越来越紧张，因为他做的每件事都注定了他不可能得到他想要的。他既没有给予爱，也没有被爱，而且事情一点也没有好转。他无法控制自己不去联系米娜，或者不和自己不喜欢的人睡觉。他一天的大部分时间是没有建设性的：他做不成任何事，演出的菲薄收入让他过得拮据。音乐是他最好的安抚剂。他有一个专门让他能与自己交流并自我修复的歌单。当他可以坐下来写歌，甚至只是听歌时，他就感觉平静一些。但是有时候音乐也有反作用：“你知道那种感觉吗？当你开始太爱一个东西，你反而会开始恨它。”他的一些日常安排能令内心的动荡不安有所平息，引发这动荡不安的是一再觉醒的丧母之痛，那正是我们治疗工作的中心所在。

我让麦克斯带一张妈妈的照片来。他带来一张非常迷人的照片，他的妈妈站在一棵树下。向我谈及她时，麦克斯用拇指轻抚着照片。他想在自己的内心找到她，但是他只找到了她留下的空白——“在我心里一个妈妈形状的空洞。”他开始明白他的任何行为都是为了填补这个空洞：“我会用任何东西堵住它：性、毒品、快感、派对，我就是想把这该死的空洞补上。”这么多东西在他内心的漩涡里盘旋，难怪他会做什么事都无法专心。同时，一如往常，他一边描述他的创伤有多深，一边大笑，做出故作轻视的评论，逃离自己的内心。我告诉他我注意到他在这么做。但是我不能让他改变。这样的自我保护模式已经持续了二十五年，我无法贸然打破，但我希望我们正在往打破它的方向走。

从一开始麦克斯就说自己是一个非常优秀的调查者。他扮演着夏洛克·福尔摩斯，搜集尽可能多的关于妈妈的信息。他也曾和爸爸谈论过妈妈，那场谈话令他十分沮丧。爸爸没能填补任何空洞，倒是提醒他，杀害妈妈的凶手至今没有抓到，这让麦克斯抓狂了好几天。这些对麦克斯来说太熟悉了：他爱爸爸，知道他并不坏，但是他不由得对爸爸的被动和疏离感到愤怒。我真想狠狠推他爸爸一下。

他虽然嫉妒姐姐们有关于母亲的记忆，但是与她们谈话帮助他更好地了解了妈妈。她们告诉他自己所记得的故事：和妈妈去野餐、妈妈每晚分别给他们每个人唱“我爱你”的歌。她们记得一起去购物或者散步的时候，麦克斯会被安全地放在一个婴儿袋里，被妈妈背着。随着他积攒了越来越多的记忆，他变得开心了一些，为自己发现了更多的拼图碎片般的信息而感到惊喜。但是他却无法追踪母亲的朋友和母亲娘家那边的线索。他无法完成任务。麦克斯从未停止过寻找，却无法获得完成一件事的成就感——他痴迷于寻找。

失去妈妈的悲伤开始缓慢显现，然后愈演愈烈。他向我描述了“灾难性的几天：我从来没有过那样的感受，比迄今为止任何时候都情绪低落，我再也看不到人生中的光亮，一片黯淡。我感到失控，感到自己已经死了”。他任由自己去体验这种低落，直跌谷底，这会为他带来自由的感觉。但是他的确发现自己在做一些平常不会去做的事情：与朋友谈话。通常来讲他是一本合上的书——他从未尝试说知心话，也从未听到过。但是，令他惊讶的是，他的朋友对他帮助巨大。然后他经历了濒临痛哭和真的痛哭的阶段，一开始他很讨厌哭泣，但后来慢慢喜欢上了，因为哭泣让他能够发泄。

他告诉我："这一切都很熟悉，感到不舒服所以向前跑，总是感觉形单影只；感到自己冲出了人群，一直跑，以此来让大脑进入休息状态。真糟糕。"我想我们是不是可以在他心里找到一个让他感到安全的地方，在那个地方他不需要任何人。实现这目的最好的方法是视觉化治疗。他描述了一幅图像：他的心被百般蹂躏。然后，令我们俩都惊讶的是，他说他能看到他的心在被治愈、生长，"重新变得饱满而粉红"。"那颗心非常小，不是一个二十九岁的人的心，是一颗幼小的心。"我猜那可能是妈妈去世时四岁的小麦克斯的心，他希望能保护它的安全，让它成长。但问题的症结在于他需要另一个人的帮助来让心成长，这颗心无法独自成长。他看不见谁能帮助他，没有人帮他。我提议我来扮演这个角色，但是没有成功。他感到自己在抗拒他所能想到的许多人。他不信任任何人，所以他需要在自己脑海里创造一个人。随后他发现他可以以一种"精神上的形式"看到他妈妈，这奏效了。因为她已经走了，所以她不可能再次离开他。这是一个他需要靠自己联想的形象，事实证明这对他来说非常有效。

接下来的几周，麦克斯增强了内心的力量，他终于开始明白米娜在如何严重地伤害他。“我骑车时，常常有所领悟，这次我悟到了一点。我有意无意地制造一些会让自己受伤的状况。米娜伤害了我，这让我直接去到心里那个‘有妈妈的地方’。”就像是有人在他心里按下了开关，他忽然可以克制自己不再见她了。他不再想着“寻觅自己找不到的东西”，花了点时间重新整理原本被这种想法占据的内心空间。他感到轻松，想要找一个新女友，但还是决定先把时间留给自己。

麦克斯开始专注于他的工作。他有了一个新的目标：少瞎晃多做事。我们制订了一个计划：每天工作五个时段，每个时段五十分钟，各时段之间休息十分钟作为奖励。工作结束后以一大段时间休息作为更大的奖励。奖励的形式各种各样，从喝一杯可口的咖啡到做一个字谜游戏，还可能是看体育节目或者下载新曲目。那五十分钟相当于我们每次心理治疗的时长，是一种呼应。他规律地工作，感觉越来越稳定，也并没有失去他的轻松风格——那令人喜欢的阳光开朗的性格。

至此，我和他都意识到，我们的工作结束了。面谈结束的时候，我们心情复杂——既伤感，又为我们所达成的一切骄傲。麦克斯走时的一句话代表了一切：“我以前无法找到一种东西去填补母亲留下的空洞。恋爱、女人、毒品、玩乐——没有什么能填补那个洞，因为它们本就不是、也不会成为我想让它们成为的样子。现在，不同于兜兜转转寻找什么东西，我找到妈妈了，我把她放在我心里——她就像真的活在我心里一样。我有时候会对她说‘好的，妈妈’，该是她帮我的时候了，而我相信她就在我心里，不会想再继续寻找她了……我感到自己更像样了，不需要再去不断证明——就做我自己，也活得还可以。”

他做着他自己，活得远不止“还可以”。

谢丽尔

Cheryl

谢丽尔的生活里没有快乐——婚姻里没有，工作中也没有。她的母亲两年前死于心脏病，但是谢丽尔没有把她的感受和母亲的过世联系起来。我问她来见我的目的是什么。“我想感觉好一点儿，”她说，“我觉得我正生活在一个灰色的胶囊里。”当她坐在我对面的时候，我觉察到我们的相似和不同之处：她是黑人，五十五岁，是个谈吐文雅、衣着得体的女人。我能够跨越过去与她建立联结吗？她的灰色下面放置着什么？她将这种灰色描述为“一面不反光的坚硬的镜子，或者像一个肿瘤。这是我生活中所有不好的地方，我不能忍受它，我想摆脱它”。

我问她是什么特别的原因让她现在来见我。一部分原因是她发现自己在工作中很愤怒，而作为一名儿科病房的护士长她需要有耐心，而且她能感到她的脾气变得很难控制。就在她打电话给我的前一天，她和一个叫泰迪的孩子有过一段可怕的经历，当她试图给他注射时，他反复大叫“不”，她想把他拎起来、摇晃他，只勉强做到了让自己及时离开病房。这对她来说是一个信号，即她需要改变一些事情，需要做一些不同的事情，当她告诉丈夫贾森时，他建议她去见咨询师。

谢丽尔的脆弱被一种可能触发短暂而尖锐攻击的易怒性情所掩盖。我试着想象生活在灰色胶囊中如此之久是什么样的，然后看到任何人想要理解她是多么困难。这是大自然的一个设计缺陷，让人感觉很残忍：当我们身处痛苦之中时，我们往往会向他人发出“退后”的信息，或者我们会愤怒，拒绝我们周围的人，而这恰恰制造了与我们的实际需要（而且是最深刻的需要）——被爱——相反的反应。

我让谢丽尔跟我多谈谈灰色胶囊。“我不知道，我醒来，感到生活那么黑暗。我不得不强迫自己离开床，这一天在我面前显得那么长。我得一件小事一件小事地说服自己去做，告诉自己穿衣服，洗漱，吃早餐，因为如果我看得太远，我就起不了床了。看（她给我看一份清单），我得把它写下来：‘起床……穿衣服……’唯一能让我去上班的就是诗歌，我从杂志上受到启发，每天早晨坐在地铁里学几句诗，这是我唯一能让自己转移注意力，好去上班的方法。”她的日子显而易见地黯淡。但是她也向我展示了她有一种想要继续生活下去的本能抗争力，而且有一种能给她帮助的自律能力。诗歌让我想起尼采的名言：“艺术让心灵惊醒。”我需要更多地了解灰色胶囊。但是，我先要知道的是，她的生活里还有谁。

谢丽尔对我谈及她在意的一些人，那些最亲近的人帮助她渡过了人生中的难关。她有丈夫贾森，还有最好的朋友唐娜。她没有重复母亲的错误，没有选择一个暴力的、捉摸不定的男人。谢丽尔从六岁之后就没有再见过父亲，从那时起她的家人逃离了他，这是一个明智的决定。谢丽尔是一个高情商的女人，为自己做出了正确的选择。贾森的个性与她父亲截然相反，他安静、善良、头脑非常冷静，他并不刺激，但她见识过“刺激”会带来什么问题，而他的存在是她生活的中心。贾森对谢丽尔有真挚的兴趣，当他问起她的一天，他是真的想听她说些什么。他分担家务，比她更擅烹饪，她带着甜蜜的笑容告诉我：“他做晚饭时哼着歌。”她爱他的稳定。“他是世界上最好的拥抱者，我不是那种擅长拥抱的类型，但他如此用力抓住我，给了我力量。”

谢丽尔在学校里结识了她最好的朋友唐娜。她跟谢丽尔很不一样：她活泼，健谈，外向。她们一起大笑，一起度过了大多数周末。因为只有兄弟，谢丽尔把唐娜当作自己未曾拥有过的姐妹。她们的友谊建立在共同的记忆之上：四岁染指甲，十几岁时咯咯笑着说起自己的第一个吻，步入成年，结婚。唐娜可以取笑她，跟她说别人不会说的真话。唐娜同样也爱谢丽尔的妈妈，她曾是唐娜生活的很大一部分。唐娜曾在谢丽尔母亲的墓前哭泣，当谢丽尔谈到母亲时唐娜会动感情。但是，母亲过世后的大部分情况谢丽尔就不讲了，她不是不想讲，是不知道怎么讲。

我从谢丽尔那里了解到，她对母亲很孝顺。"我们是那种'家庭秀'，外表看起来不错，但内里其实只有偶尔的适量的爱。"因为谢丽尔六岁时就离开了暴虐的父亲，所以她和他从那以后没有任何联系，而且对他的存在几乎没有任何记忆。她的母亲是个经常去教堂做礼拜的人，对她的三个孩子寄予厚望，敦促他们在学校努力学习。"她死得很悲惨。她很'传统'，生活中始终保持着骄傲的样子，却因为胸口上的毛病死去。当她站在你一边的时候，那是爱，奋斗的爱。当我的母亲来到英格兰的时候，她十八岁，认为是'祖国母亲'，尽管这观点现在很容易被忘记。她很看重这一点，但当她初来时这里的人还对她存有很大的偏见。她嫁给那个'禽兽'时——用她的说法——还相当年轻。但是，她不愿意谈论她的问题。她说'我不愿意别人掺和我的事情'，她只想顺其自然。”

谢丽尔在大部分时间里都很愤怒，她很少直视我。我告诉她，我从她那儿接收到的双重信息是：“照顾我”和“立刻后退”。而我感觉，她在对我又拉又推，然后她就立刻关闭了自己的心门。我用尽可能体谅她的话语，让她知道谈论我们的关系是令人不安的，我不会推动她这样做，同时，如果她对我坦诚，我不会攻击她。她抬头看着我，一瞬间我们搭建立了联系——这是我们关系的第一块基石。但随后数周她基本如故，连篇累牍地谈论工作却很少提及其他。我意识到我正在看“谢丽尔秀”，就是她之前跟我说到的“家庭秀”的镜像。不过，她的保护面具下隐藏的真相偶尔也会显露出来。

渐渐地，我得以管窥她的家庭往事。他们离开父亲之后，她的哥哥被送到托儿机构六个月，因为她母亲找到的住处不够全家人居住。但是母亲在一家饼干厂辛苦工作，赚到足够的钱搬家之后就把哥哥接了回来。对母亲来说，当时的生活很艰苦，她在童年时就经历过类似的艰苦，因为她自己就不是由亲生母亲养大的。我开始洞悉她母亲那份坚强的成因，这是一种必需的生存机制。我们在交谈过程中认识到，谢丽尔爱并尊重她曾经拥有的母亲，但同时也为她更偏爱的那个母亲感到悲伤：一个更慈爱的敏感的母亲。

在母亲的葬礼上，谢丽尔和兄弟们发生争吵，他们选择了自己的送别致辞而拒绝使用她的，当时，这让她觉得“一切都结束了”,但“现在没事了”。尽管有冲突,“但是我们很好，我们相处得很好”。母亲告诉他们：“我想火化，这样没人能挖到我的骨头。”他们尊重了她的意愿。

有的时候，谢丽尔也会以充沛的活力突破她的胶囊，特别是当她提到十四岁的儿子杰克逊时。那时她的微笑会映入我的眼帘，我能感觉到自己的胸膛随着她的爱而舒展。像大多数母亲一样，她觉得很难目睹儿子因外婆而哀伤，那让人感到“难以接受”。她本能地觉得需要立刻阻止儿子继续感到悲伤，告诉他“没事的”，就像她的母亲跟她说的那样。我们认识到，母亲的这种抚慰通常是根深蒂固的母性本能，但它的副作用是压抑了孩子的痛苦情绪。

谢丽尔沉浸于母亲第一次心脏病发作到去世之间发生的事情，当她说“我感觉该多做些事的”时，伴随着话语的是来自胸腔深处的沉重叹息。她的喉咙紧绷得“像一块石头”。当关于她作为女儿的失败的焦虑被层层剥去，一种燃烧的愤怒出现并袭击了她。谢丽尔仔细检查了母亲患病过程中的每一次治疗和预约，特别是那些她错过了的。作为一名护士，她觉得她应该知道更多，但作为一名儿科护士，她其实对成年人的冠心病知之甚少。而且，她从未跟母亲谈论过死亡，担心“它会带来噩运”，迷信提到“死亡”会把凶神从沉睡中唤醒，令他降临在母亲的身上。她们谈过未来的假期、圣诞安排，却一次都没提过母亲去世的可能性。

谢丽尔说得越来越多，这说明她对自己面对的新的现实有了越来越清楚的认识。我开始更多地看到她，开始看到她被沉默的愤怒所压抑的力量。我无法将谢丽尔的母亲视觉化，也无法想象她们的合影，所以我请谢丽尔带照片或任何能让我感受到更清晰的形象的东西。她背来了一个双肩包的家庭材料：她和兄弟们儿时的可爱照片，她母亲的围巾和最爱的胸针。她不自觉地把东西摆放在她的腿上，给我讲述了和强势的祖母在牙买加度假的家庭故事。当她描述自己的经历和母亲辛苦努力给她创造的机会时，我能感到她为母亲而骄傲的感情在增长。她说话的时候眼睛闪闪发亮。

不知不觉中，她拿起围巾闻了闻：她彻底崩溃了，泪如雨下，将脸埋进围巾，每隔几分钟就有节奏地重复着闻、哭泣和用围巾擦拭眼泪。就像玛德琳蛋糕之于普鲁斯特，妈妈的香水味儿把她带回了过去的时光，她坐在妈妈膝上唱着歌，将头埋进妈妈的胸膛。在我们能够看清楚妈妈之前，最早的意识是妈妈的味道，而有人相信这也是我们死前最后的意识。

自此，我们的工作进展得顺利多了，进度显著加快，尽管我跟她只面谈了六次，但是够了：她似乎在等着被解锁。

她重新找到了那个尽己所能地爱她的母亲。“我是想，如果我回避她的爱，就能回避痛苦……但那让我的生命停滞……黑暗的那面我很熟悉，而与之相反，快乐的感觉，就像一个新的朋友，就好像是这些年来我第一次呼吸氧气，纯净的不含杂质的氧气。我找到了失落多年的那个自我。”

谢丽尔比我和她最初意识到的都要出色得多。当她笑的时候，就好像太阳出来了，那是一种深沉的、闪亮的、充满活力的笑声。她把作为一个孩子和作为一个母亲的自己联结到了一起。我拥抱了她，当我们都哭了的时候，我觉得我也是在为所有那些想做到最好，但多少还是失败了的女儿哭泣。

反　思

Reflections

初生时，我们的眼睛锁定的第一张面孔通常是我们父母的，抱我们的第一双手是他们的。我们所拥有的每一种关系，在某种意义上,都是以与他们的关系为基础的。在我们的童年，他们创建了塑造我们的环境，启动了我们或好或坏的自然倾向。他们的心理构成、他们的信念、他们的态度、他们的行动、他们的存在或缺席——我们像海绵一样吸收了这一切。

当父母去世，我们不可避免地会受到影响，而感觉的强烈程度则取决于以往体验到的关系。如果像布丽奇特，我们可能会觉得，世界上最爱我们的人去了，留下完全崩溃的我们；也可能我们会松一口气，因为这是一段总是令人失望和受伤的关系的结束。我们可能会有复杂的爱和恨，解脱和内疚。毫无疑问，这件事把我们与自己的必死性联系了起来，因为我们是下一个在列将死的人。

我所写到的人物彼此间存在很大的不同，这说明人们面对死亡的反应如他们的个性般各不相同。我选择谢丽尔和布丽奇特是因为我希望她们的故事容易让悲伤的成年子女产生共鸣，也因为她们的案例或许可以宽慰他人，让他们知道他们正在经历的过程实际上并不反常，只是悲伤自然而普遍的过程。

我选择麦克斯是因为我惊讶于他死去的母亲对他的影响何其强大，而他仅仅是在孩提时代接触过她。他的故事说明我们必须给失亲的孩子极大的关注，以免他们在余生备受折磨。许多成年人误认为对孩子而言保护比真相更好——事实正好相反。

虽然在失亲之痛中经历了一些打击，但谢丽尔和布丽奇特都有令人安心、可以依靠的家庭生活，而我相信这是她们康复过程中最重要的因素。大多数人都深深地渴望处于一段关系中，获得他们生活的意义，拥有一定的自主权——这恰好是谢丽尔和布丽奇特拥有的，她们的家庭正是她们忍受悲伤之痛所需的压舱石。

麦克斯不稳定的成长经历意味着他不知怎样待在一段

"正常"的爱的关系中，在我们的面谈之外，他也没有一个能让他感到安全的内在空间得以栖居。他的工作、他的习惯、他的交往，每件事情都缺乏一致性，在随之而来的混乱中，他便很难忍受自身的痛苦。他在自我内部寻找母亲的努力听起来像是只可能在治疗过程中发生的事，但是，对梦境和奇幻思想的创造性运用一直渗透在我们的文化乃至世界上所有的文化中。保罗·麦卡特尼，十四岁的时候失去了母亲玛丽，当他梦见母亲之后受到启发写出了《顺其自然》(歌词中的"母亲玛丽"更多的是字面上的含义，而非宗教的)。

当布丽奇特给母亲穿上袜子，担心她的脚会冷，她代表了大多数人在所爱的人去世后的感觉，觉得在某种意义上他们依然活着。尽管失亲者知道事实并非如此，但他们表现得仿佛事实如此——比如，布丽奇特挑了她母亲最喜欢的蛋糕用于守灵仪式，明知她母亲不会到场吃掉。在这个问题上，病理学家、验尸官和医生需要更多地意识到失亲者的敏感，并相应调整自己的言辞和举动。

成年子女的悲伤

新近研究表明，成年子女的悲伤体验通常包括：退出交际圈，丧失以往的兴趣爱好，表达愤怒或感到内疚，出现睡眠障碍。哭泣、思念父母、沉浸于关于他们的思索等反应会在死亡发生后持续很长一段时间，而这些完全正常。

预期中的死亡

研究表明，死亡“类型”会影响成年子女体验到悲伤时的反应。对有些人而言，长时间地承受死亡预期，而又没有机会去处理与父母相关的情感和问题，这会加剧他们的焦虑。

对于另一些人，预期中的死亡则可能是一种更自然和不那么耻辱的死亡方式，会让悲伤的过程在潜在层面变得稍微容易一些。同时，预判父母的死亡会让成年子女有时间调整他们自己的心态，使他们得以运用自己的心理力量。若没有错过告别的关键时刻，他们需要应对的痛苦会少一些。

突然的死亡

突然死亡会让成年子女感到死亡是不公平的，并且放大无力感，这是很多人的悲伤的一部分。研究表明，遭此经历的人会认为自己应对失当，而其实他们的经历十分正常。

失父与失母的区别

一些很有意思的研究表明，因为与母亲具有共同的观点、更亲密的情感以及母亲可以提供更大的稳定感，成年子女与母亲的关系通常比与父亲的关系更好。因此，这就意味着，与失父相比，失母会对成年女儿产生更深远的影响。

不过，研究发现，失父对儿子的打击可能会更大，研究结果表明与女儿相比，儿子的抑郁症状增加的同时心理健康下降。尽管研究结果发现，失亲子女都表现出了心理健康水平也会更低，但女儿还会表现出诸如酗酒和低自尊等行为问题。

相关研究给我的感受是，我们对“自己和父母中的哪一个更亲密”的认知会极大地影响我们的丧失感。我思考着女儿酗酒的报告，怀疑她们是否开始表现出一些更典型的“男性”行为。

父母在五年内相继去世

研究显示，父母在五年内相继过世的情况，对儿子和女儿的影响是近似的。两性都有低自尊和低心理健康水平的状况。女儿表现出了更明显的抑郁症状，儿子表现出健康的整体衰退。这是常识，父母在相对短期内相继过世的悲伤会增强丧失感：新的逝去总是唤起之前的感觉，无论之前的悲伤程度是大是小。

父母死亡与现存关系

我们都知道，当我们遭受苦难时，最接近我们的人是被迫与我们一起受苦的人。研究证实了这一点：父亲（母亲）去世之后，配偶虐待、酗酒、婚外情的发生率以及手足冲突的发生率都会增加。

说再见

布丽奇特和麦克斯没有机会跟他们的母亲说再见，谢丽尔没能充分利用她和母亲的时间。我不相信“终止”这个概念——人死了会有一个完全彻底的结束，因为我不认为我们像这个概念暗示的那样机械。但是，有机会跟父母说出需要说的所有的事情，这对子女来说，无论在父母生前还是死后都是至关重要的安慰。一起合影，录下父母的声音，留下积极的回忆——所有这些在他们身后会变得极其珍贵。在我的经验里，那些在父母死亡后恢复得太快因而有时感到内疚的来访者，通常是在父母去世的时刻已经体验他们大部分的悲伤。

愤怒

愤怒是被普遍认识到的一种面对死亡的反应，布丽奇特是明显感觉到了，而它在谢丽尔和麦克斯那里则表现为暗流涌动。我对愤怒的理解是，它是对伤害的一种简单表达，就像说：“哎哟，你正在伤害我，停止伤害我！”关键的问题是如何恰当地表达它，以避免对自身和我们周围的人带来伤害。

研究表明压抑愤怒可能导致抑郁，而发泄愤怒虽然让人感到满足和有掌控力，但这只能导向更大的愤怒，并不能带来轻松。悲伤的愤怒与堵车时的愤怒，或“你不能这样对我说”的愤怒是不一样的。它可能四下弥漫并且妨碍所有的事，伤害积极的情绪。根据研究，男性倾向于发泄愤怒，这可能导致暴力；而女性则倾向于压抑它，这可能导致抑郁。

当我与愤怒的来访者一起工作时，我帮助他们处理愤怒情绪，建议他们在任何可能的时候对激起愤怒的事物采取建设性的行动——这意味着能够确切地，而不是愤怒地，解释你为何愤怒。或者，如果你无法说出，那就在日记中写下你的感受，停止那种"让愤怒驱使你"的无力感，而不是相反。

如果采取不了任何建设性的行动，愤怒可以以三种方式从身体中健康地释放出来：

第一，运动。如果有人选择这种方式，我总会推荐竞技性运动，因为在释放被压抑的愤怒方面，它比其他形式的运动更能让人满足。不过也有其他人选择跑步或骑自行车，他们感觉很有帮助。

第二，笑。当你悲伤的时候，这是件很难做到的事情，但它有助康复。笑与愤怒是不相容的，它阻止了助燃愤怒的左思右想。

第三，诸如冥想和呼吸训练等平静的方法。

如果规律地练习有一组技巧，如果有规律地实践，能产生很好的效果。以下大约需要一个小时完成：

十分钟，在日记里写下盘桓在你心头的所有事情。

二十分钟，跑步。

十分钟，冥想。

二十分钟，阅读或收听有趣的内容。

| 家庭系统

我经常看到，当有人去世时，整个家庭系统都产生了震荡。比如，布丽奇特的丈夫和女儿试图让一切如故，但当家里一个重要成员去世时，这是不可能的。家庭神话（family myths）和家庭成员所扮演的角色经常会受到质疑，现存的家庭矛盾会加剧。

“封闭”的家庭系统内部没有开放的、诚实的交流，缺乏信任，由于担心报复，无法触碰禁忌话题。麦克斯的家庭显然是一个“封闭”的系统，在这里，死亡可能会带来比“开放”系统中更大的困难。

“开放”系统中有信任，因而有更好的沟通，家中的每个成员都可以提问而不必害怕争执或受批评，例如，可以讨论财务问题，也可以讨论死亡的情形和他们的感受。秘密并没有隐藏在四周的角落里，死亡发生后失亲者必然经历的向新现实的过渡也不会导致整个系统解体或内爆，可以安然完成。

支持失亲的儿童

Supporting bereaved children

这一节大致列出了一个失去父（母）亲的孩子的需求，其中提到的原则同样适用于孩子经历的所有关系中的死亡，诸如祖父母、兄弟姐妹或朋友。

随着儿童心理健康知识的普及，我们也开始更多地关心如何有效应对失亲儿童的反应。人们普遍认为“孩子很神奇，他们能迅速恢复”，我们现在知道他们有复原力，但是，像成年人一样，他们的复原力在没有支持的情况下无法滋长。

孩子的年龄和发展阶段决定了他们对临终和死亡的理解。对于非常年幼的孩子来说，死亡是一个抽象的概念，他们不理解它是永恒的；小学阶段的孩子切实领会了它的不可逆性；而青少年常常发现，他们已深陷其中的青春期内心的挣扎因它而愈加复杂。

告知真相

可以理解的是，我接待过的所有父母都想保护他们的孩子免受痛苦。告诉孩子真相似乎显然是错误的，无论是他们的父亲（母亲）正在死去的信息，还是比如与葬礼有关的细节，这让人感到太过悲伤和恐惧。但研究表明，孩子将这种保护视作自己被排斥在外。因此，当这些孩子长大后，他们可能对自己活着的父母一方心存怨恨。

我想在本书中一以贯之地传达的信息是，孩子需要得到和成年人一样多的信息，而且告知者应该用适合孩子年龄的具体语言来传达。孩子对于自己不知道的东西会倾向于用想象补足，而他们补足的东西可能比真相还糟糕得多，因为他们的想象可能萦绕心头，无止无尽。无论事实多么艰难，总比谎言来得好，因为这意味着孩子可以信任他们的父母。重要的是要记住，孩子从他们的环境中吸收信息：他们可能会听到谈话，或者，更糟的是，他们只听到一半，会对周围成年人的痛苦很警觉。有具体的知识解释他们观察到的东西，让其知其然，且知其所以然，这对他们的健康是非常重要的。

研究显示，母亲通常能在伴侣去世后给孩子以爱和恰如其分的关注，我们要意识到的是丧偶的父亲尤其需要帮助。

年幼的孩子

我发现，对于围绕死亡发生的各种事件，非常年幼的孩子尤其常常被瞒着。我经常听到有人说：“他们不知道，也就不会思念。”我个人的经验和已被公布的研究都驳斥了这一点。幼小的孩子很可能会从活着的父母一方身上注意到痛苦，并为此困扰。死亡发生后，他们失去了一个一直以来的照顾者，在不同的人之间四处辗转，这同样困扰着他们。成年之后，这种被剥夺记忆的缺席体验会成为破坏性障碍。除非塑造出一个完整、丰富的已故父母的形象，否则孩子就会为这种空虚所折磨。活着的父母一方需要通过故事和纪念品来完成一幅故去一方的画像，使其成为孩子在生活中能够不断回顾的一种有价值的资源。

解释某人的死亡

把坏消息告诉孩子的确是件非常困难的事，父母或许感觉这样做是“坏”的，但重要的是不要把感觉和事实混为一谈。有时你会不知怎样开口，那就让其他家庭成员或亲密的朋友在一旁给你支持。找一个安静的房间，身体离孩子近一些。说出“我要告诉你一个坏消息”有助于给孩子一个信号，使其知道你要说坏消息。然后，尽可能简单直接地说出消息：“爸爸今天早晨死去了……”对年幼的孩子解释“死去”的意义：“当人死去，他们的身体就不再工作了，他们的心脏不再跳动，他们不能行动了，他们的身体会静止，失去活力。一个死去的身体不会感到任何痛苦。”讲述整个事件可能要随着时间推移而循序渐进——比如，可以先告诉孩子爸爸死去了，然后是爸爸死去的前因后果。跟随孩子的脚步，如果他们想知道更多，就告诉他们真相。但注意不要把信息一下子都塞给他们，确认孩子的理解，让他们有时间吸收。让他们提问，如果他们反复询问同样的问题，你最好给予同样的回答——像成年人一样，他们不一定是没有理解（尽管有这种可能），更可能的是需要时间来理解死亡的概念，而有时重复是必要的。

遗体告别

可以理解，我们许多人都害怕看到我们所爱的人的遗体，我们可能会强烈地感觉到这对孩子来说也是一样的。然而我们需要一种能够让我们聚焦其上的记忆，使我们能够以一种毋庸置疑的方式知道，这个人已经死去了，而且不再会回来。看到遗体是帮助孩子面对现实，开始理解发生了什么的一种方式。这里没有一定之规，除了不能强迫孩子去做他们不愿意做的事。公开地提起这件事，诚实地回答问题，并强调孩子在任何时候都可以改变想法。父亲（母亲）应该先看遗体，这样他们就能判断遗体是否适合让孩子看到；然后帮助孩子做好准备，让他们了解他们的父亲或母亲是什么样子的，房间是怎样的，谁会在那里，将有些什么事发生。带些鲜花或卡片给去世的父亲（母亲）会让人感到安慰，让孩子感到他们献上了自己特殊的礼物。在当时和过后，给予孩子温和的支持和足够的安慰，这可能会成为他们理解死亡非常重要的一步。重要的是你做了怎样的示范，而不是告诉孩子在这样的情况下什么是合适的——例如，第一次触摸或亲吻遗体。你可以向孩子表明他们也可以做同样的事情。

参加葬礼

我们可以假设孩子知道什么是葬礼以及为何举行葬礼，但除非孩子以前参加过，否则他们不太可能真正了解葬礼上会发生些什么。即使孩子参加葬礼的时候非常年幼，长大后已没有记忆，他们可能仍然很乐意知道他们参与其中了。我从未听说过哪个孩子为此后悔了。跟孩子讨论葬礼时，先要解释它的目的和可能发生的事情。这将由文化和宗教决定，但一种普遍适用的简单的描述方式是："当一个人死去，我们会有一个特殊的仪式叫作葬礼。因为爸爸去世了，我们要专门为他办一个葬礼，我们的亲人和朋友将和我们一起，我们将追思爸爸的一生。他的遗体将放进一个叫作棺材的特殊的盒子里——记住，他死去了，再也没有任何感觉。在葬礼上，我们将会（讲述要做的事情）……葬礼结束的时候，我们会把他的遗体抬到墓地，在那里挖一个很深的坑，把爸爸的棺材放进去。这叫坟墓，上面会有爸爸的名字，这样每个人都知道他埋葬在那里。"

谈到火葬时你需要谨慎处理，这与孩子的年龄有关，想到父母的身体被烧，他们可能会很不安。重要的是强调一个事实，即死去的人什么都感觉不到。一种描述这件事的方式是："爸爸的遗体在火葬场变成柔软的粉末，然后骨灰被放进一个叫骨灰瓮的罐子里。我们准备把骨灰瓮……”

许多家庭发现，在仪式的前一天去趟教堂或墓地，让孩子对将要发生的事情有一定的认识，并帮助他们想象，这很有用，这样他们在仪式当天就不会感到无法承受。而葬礼的录音和录像在孩子长大后会成为他们的宝贵资料。

孩子对成年人的保护

就像我们想保护孩子，孩子也可能会保护成年人，不想表现他们自己的痛苦。当他们转换状态时——往往转换得很快，比如从悲伤到快乐地游戏，他们可能是为了掩饰自己的不快乐。对父母来说，留出一个特别时间，比如下午茶时段，来确认一下孩子内心的真实状况，会很有帮助。

日常习惯

伴随父母死亡而来的不确定性会让孩子心绪不宁，我们希望通过允许他们做出一些我们平时不能容忍的行为来安慰他们，这是完全可以理解的。安慰与纪律之间的界限很难划分，但一般而言，最好让他们在日常生活中尽可能规律生活，遵守正常秩序。有了熟悉的界限和结构，孩子会感到更安稳。

生存本能

研究表明，面临父母即将去世的状况，孩子会有一种本能的求生意识，他们会向活着的一方靠近，而远离即将死去的一方，对于他们而言，高于一切的问题是："谁将来照顾我？"他们可能会脱口问出一些看起来有点冷酷无情的问题，就好像他们只关心自己，而不关心即将死去的父母，比如："如果妈妈不能带我去上学，那谁会带我去？"这是他们的生存机制在起作用，是他们对自己的处境的一种自然的、反射性的反应。积极鼓励孩子待在生病的父母身边，鼓励他们做一些体贴的小事，比如擦护手霜，或者一起读故事，又或是创建一个喜欢的歌单，都是很有帮助的。这不仅能提高孩子的自我价值感，还能为他们提供一种亲近临终父母的记忆，从而使他们免于因过早退出而产生负罪感。

儿童和青少年的悲伤

当单亲家长感到痛苦时，照顾孩子就非常困难了。但是高质量的养育是孩子们健康适应父亲（母亲）死亡的关键。研究表明，如果孩子所处的环境允许他们向照顾者公开表达他们对死亡的感受，他们的抑郁症状和难以适应悲伤的症状会更少。同时，孩子越早得到恰当的支持，他们就会自我调节得越好。反过来，得到支持越晚，受到消极影响的风险就越高。

通过观察周围的成年人学习悲伤

孩子通过观察周围的大人来学习悲伤。如果看到他们的父母表达了悲伤然后继续做事，他们就知道了自己也可以这样做。同样，如果他们从未见过父母悲伤，他们很可能也会借鉴这种行为，或者困扰于自己的悲伤情绪，以及他们能否公开流露这种情绪。成年人在悲伤的时候往往会感到自己情绪上的幼稚而希望获得照顾，而找到对他们自己的支持对于他们成功地教养孩子也是至关重要的。

人们对失亲的成年人的描绘往往是：他们是如此悲伤，

就好像涉水过河，水流不断，每一步都是艰难的。通常用来形容孩子的悲伤的比喻则是，跳进和跳出水坑——他们悲伤的时候就会跳到水坑里，哭，或者变得孤僻乖戾，然后，当他们得到了安慰，就会跳出水坑，愉快地回到他们的游戏中。

我们必须观察孩子的行为，看他们何时需要我们的支持，因为他们用言语表达感受的能力可能是有限的（尽管有时清晰得惊人）。他们可能不仅会流泪或生气，还会退步，睡眠不好或没胃口。他们需要放心地知道他们是被爱的，他们将会被照顾；而且他们的反应没什么错——无论是感到沮丧，还是玩耍时感到快乐。

年轻人

斯蒂芬的孩子在母亲去世时都是年轻人。需要注意到的重要的一点是，不管我们多大，当我们的父母去世时，我们都会感到自己是幼小的。给年轻人提供支持就像给年幼孩子提供支持一样重要，但他们的需求往往被忽视。

在流逝的时间中的悲伤

孩子可能会在不同的人生阶段为他们父母的离去而悲伤，因为他们对死亡概念的理解会随着他们的认知发展而改变。重要的生日或人生事件会使他们与逝去的父母重新联结起来，每一次他们都需要重新面对失去感。与其说像有些人所理解的那样，悲伤尚未结束，不如说它是一种终身的过程，在我们生活的不同时期对我们有不同的影响。

孩子在理解死亡概念上的挣扎

要充分理解死亡的概念——它是永恒的、不可逆的、普遍存在的——大约得等到孩子八岁左右。尽管向所有的孩子解释死亡都需要准确的、与年龄相应的清晰术语，但可能在对年幼的孩子进行解释后，他们仍然无法理解永恒性。等他们长大了，他们开始对死亡有不同的理解，而你需要对解释做相应的调整。

大多数小学高年级的儿童或十几岁的孩子被认为已有认知能力去充分理解死亡的终结性。这同样意味着他们也完全明白他们所失去的有多惨重，因此他们需要很好的支持来帮助他们应对。

丨对父母死亡的延迟 / 无反应

有些经历了父母死亡的孩子几乎没有表现得不安。研究认为，实际上他们只是延迟了表达他们的悲伤。而且他们会在以后的日子里产生一种悲伤反应，有研究显示这种悲伤反应可在丧亲长达两年之后才出现。为了保护孩子免受麦克斯那样的痛苦，父母（如果还没有因为自己的不幸而心力交瘁）可以用多种方式引导孩子表达悲伤，包括一起阅读合适的故事书，或者制作纪念册和相册，还有一些活动包和书籍可以从诸如“英国丧亲儿童基金会”的组织那里购买。如果这个做起来很难，或者似乎没什么效果，那么建议送孩子去见学校咨询师，或寻求失亲支持组织的帮助。人们发现，那些刻意压抑与死亡有关的想法和感觉的儿童，出现不良精神症状的风险更高。因此为了儿童切身的利益，适当的干预是很重要的。

失去手足
When a sibling dies

深爱的人不会死去，因为爱是永恒的。

——艾米莉 · 狄金森（Emily Dickinson）

露丝
Ruth

露丝第一次踏进我房间的画面令我记忆犹新：她中等身高，消瘦，棕色卷发，休闲打扮。她自信地坐下，棕色的眼睛直视着我。她想知道我怎么工作，每次面谈持续多久，以及最重要的，我是否能帮助到她。现在回想起她当时的样子，我微笑起来，因为我觉得这种问话方式并不令人生畏，反而令人打起了精神。作为一个怀疑我是否值得她花时间来见面的人，她的坦诚让我耳目一新。这也立刻定下了医患之间的权力格局。这不是一个对她得到的任何东西都会感恩的女人——露丝希望确保得到自己想要的。

很快，我得知了大量信息。露丝四十六岁，是犹太人。

她来见我的原因是同父异母的兄弟丹尼尔三个月前死于一场车祸，以及她流产过好几次，每一次都在她心头刻下印记。虽然她来找我的直接原因是丹尼尔的死，但是最让她痛苦的并不是这个。她和丹尼尔的关系很复杂。丹尼尔是她父亲的私生子，直到父亲去世前一年，大家才知道丹尼尔的存在。我们先要解决的核心问题是露丝和她父亲的关系。父亲十多年前就去世了，但是父亲去世所引发的悲伤到现在都没有被处理过，还是最初的样子——这给她留下了一张爱恨交织的感情网，需要她自己去整理。

在初期的一次面谈快要结束时，我发现她的情绪变了。当我们讨论需要进行几次面谈时，她开始显得害怕——她的声音低了下去，说话速度也慢了。我看到了她脆弱的一面，这是之前我没有看到过的。我用温柔的声音说，应该是什么东西困扰到了她，她告诉我，她在担心“掉进一个洞”，而又必须假装一切都好。对我来说，这个洞的概念和“假装一切都好”都非常熟悉，我看得出这样的假装让她很恐惧。我想传递我的同情和了解她的状况的意愿，但又不想进展太快。她用一幅具体的图像描述那个洞：她是一个小女孩，蜷缩着坐在一块石头上，颤抖着。那感觉像是在一口深井的井底。她一直等待谁能来找到她——但是谁也没来。我知道我需要和她一起坐在那个寒冷凄凉的井底。我告诉她我可以看到她坐在井底，然后问她希望我给她什么：希望我陪她坐下还是拉她出来？她颤抖着，头低垂着缩进胸膛，半天说不出话来。我懂她为什么身体僵硬，也理解她为什么沉默——她希望找到合适的词语，却因为某种原因无法说出来。我再次强调她不用急：我们在这次面谈和以后的面谈中有充足的时间等她回答。她在迄今为止的生命中总是不断被人催促着给出回应或者向前奔跑。当那次面谈快结束时，她低声说："跟我在一起。"我告诉她我会的。

有趣的是，后面几周她并没有再次掉进那个无言的洞里，她更想继续做那个伶牙俐齿的自己。我一点点知道了更多关于她的故事。她爸爸是一个房地产开发商，作为一个"二战"时期成长起来的孩子，他曾经被关在集中营两年时间。他是他们家里唯一的幸存者，在战争结束时到了英国。露丝说她也携带着一些父亲的心理创伤。这种代际传承的创伤让她无法控制自己的焦虑和攻击性。她非常容易害怕，感觉灾难就在不远处。这种创伤在她的生活中无处不在，但是对她伤害最大的是，她总是鲁莽地去招惹麻烦，只是因为想要体验那种精神紧张的感觉，为了证明她活在这世上是有意义的。她对生活没有信心。

露丝告诉我她的生命靠四根支柱支撑着——犹太复国主义、女性主义、社会主义和犹太主义，但是现在，它们全部

“破碎了”。我可以感受到露丝对于信仰的热情和坚定，也理解她怎样通过坚持这些信仰来让自己免受伤害。她非常敏锐地意识到失去支柱后的忧郁正在觉醒。我已经很了解这四根支柱，我也意识到它们为露丝提供了强大的逻辑模式和自我认同。根据经验我同时知道，抽象的逻辑模式并不一定有助于理解自己的情感，她经常发现自己被困在冰冷深井里的那种孤独也是这样引起的。

接下来几周的面谈里，我听露丝一口气讲述了她过去一连串复杂，甚至有些灾难性的经历。她在十五岁的时候有了第一次性经历，十七岁的时候被强奸了两次。“三十多岁时我过得醉生梦死，和各种已婚的男人约会。然后我父亲死了，环顾四周我发现所有的朋友都有孩子了。”之后她同父异母的哥哥死于车祸。她是怎么一步一步走到今天的？她怎么做才能改变自己的处境？每一个决定后面都藏着一个折磨人的困惑：“我应该这么做吗？”但是露丝找不到答案。

她每次来面谈时都会宣布一个主题。有一天早晨她走进来说：“这一切都跟控制有关。”控制力是露丝非常渴望的东西，而“湿疹”对抗着她想要消除这种渴望的尝试。犹太神话人物，被称为“夜之魔女”的莉莉丝对她的影响很大。每当她感觉到被控制，莉莉丝就会如湿疹般出现。这个原型作用于露丝生活的方方面面，但她现在才开始看到她是怎么被影响的：找工作、交朋友、谈恋爱她都没有问题，但随后总会感觉到被相关的人控制，因而变得对他们充满敌意。失去这些关系又会在她心里留下“燃烧后的废墟”。我不熟悉她的这种悲伤情绪，因为之前听到的都是愤怒的叙述，她这样温和而不确定的态度也变得柔软。当她探寻这种伤害性的行为模式，她开始慢慢地整理出其中的逻辑。她发现她对父亲“过度依恋”了。但是永远做一个顺从的好女儿的压力激发了她内在的叛逆。

从这时开始，露丝对自己从头到脚的攻击变得清晰起来。她剥夺了自己真正想要的所有东西——一个家，丈夫和孩子——就好像她摧毁了环绕自己头脑的那四根支柱。她会说到“攻击者”和“我脑子里的精神病”，然后大笑。她认识到自己心里存在极端的部分——“所有成功或失败，最后都会滑进黑暗的深渊”。她对心理上的自我伤害上瘾。为了挖掘未发觉的行为动机，我问她：“你这么做有什么好处？”异乎寻常地，露丝花了些时间去思考这个问题，意识到这样做让她从年轻时就获得了一种在不适环境中的保护机制。“我得保持他们的美好，所以我自己得是不好的。”她将父母对她的看法内化成了自己对自己的看法。比如说，当父母因为她犯了诸如打碎杯子之类的孩子常犯的错误而吼她时，她不是认为打碎杯子这个行为本身不好，而是认为自己是个坏女孩。在过去的几个月里，露丝开始允许自己成为一个人，无功无过，脆弱也有瑕疵，但同时也是能将自己从一个黑色深井里拉出来的、强大的女人。

对露丝的治疗看起来很有效果。我积极地寻求她的信任，有意识地接受和评价露丝带到治疗室里来的所有情绪和想法。当我对她温柔时，她会敞开心扉，倾诉她的所有痛苦，有时候大声释放情绪，也有时候低声抽泣。她告诉我感受痛苦时“浓烈比麻木来得好”，然后说“最后我会活过来”。

这一切都需要时间。也有很多时候，当她讲述那些可怕的、令人难以忍受的集中营大屠杀故事的时候，我会在每次面谈的间隙感到十分抑郁。我极力剔除它们：我写日记，实在无法忘却她的故事时我会用正念技巧帮助自己。有一次她的面谈主题是：“你有足够宽厚的肩膀同时承受堕胎、流产和大屠杀吗？”我绷紧了下巴，刻意控制牙齿不要打战。但是我发现我可以坐在她身边，听她说爸爸在集中营关于死亡的感受如何像毒药般渗入她的身体，“扼杀新生命诞生的可能……我的孩子们”。

我们逐渐开始理解，露丝小时候试图将父亲转移给她的恐怖和害怕拒之门外，所以麻痹自己，但是这也让她脱离了具有感情需求的那部分自己，让她没有能力建立亲密关系，让她感到心如死灰。当她长到青春期时，比起虚无，她更渴望去感受任何可感受的东西，但是她做出的危险且不计代价的选择让她不得不承受糟糕的后果。

以色列的调查给我提供了大量关于幸存者的子女所遭遇的创伤向下一代转移：精神健康问题、消化系统问题，以及对其他疾病的更高的易感性都是常见问题。露丝继承了她父亲作为幸存者的罪恶感：在周围百万生命凋零的情况下生存下来的持久的羞耻感。虽然几十年过去了，这创伤对她父亲的影响依然很大，这也是他没有能力控制自己的焦虑和愤怒的原因。比如说，每当听到猛烈的关门声，她父亲就会像中弹一样跳起来。他总是在警戒着可能到来的威胁。露丝感觉父亲让她置身于一种双重束缚：一方面，他坚持要她走向世界，获得成功，为所有他爱着的但已死去的人带来荣誉；另一方面，他希望她留在家里，留在他身边，不要离开他。

在一次重要的面谈中，她终于开始接受，她所做的一切并不全是她的错，可能是第一次，她开始同情自己和父亲。当她意识到她并不需要继续动辄惩罚自己或者招致危险的时候，她感到很惊奇。

接下来的一次面谈时，露丝简直不能相信她的感受有多么不同：她不再那么心事重重，如释重负。她踌躇着，不知自己能不能相信这些感受，但是最后得出的结论是可以。她真的感觉好多了。“我脑子里的那些声音变轻了。它们偶尔还是会对我小声说话，但再也不会大声到难以忍受。”我问及她脑子里的声音，得知她现在已经可以将它们置之脑后，不会再在日常生活中受到干扰了。

时间一天天过去，露丝的情绪变得不那么强烈。她还是在试着处理那些主要问题——她哥哥的去世、她的流产、她与父亲的关系，但是现在这些问题有了进展。她会在父亲的问题上表达更多的愤怒，也更清楚自己的需求。父亲死后，她同意打理父亲的房屋租赁生意，但是她本人对此毫无兴趣。经过与妈妈几次长时间的，甚至以露丝发脾气结束的讨论，她们决定将房子卖出去。对于露丝来说这是个巨大的转变：表面上这在她和父亲之间制造了距离和空间；实质上这让她更敢于坚信自己的判断，并且付诸行动。当这个巨大的麻烦不再困扰她时，她便可以更自由地讨论她去世的兄弟丹尼尔——关于痛苦和未来的幻灭，还有她永远无法了解的事实。

当露丝想到丹尼尔时，她的主要感觉是绝望的伤感。她为了他永远无法拥有的未来，为了永远无法和他建立起关系而哭泣。她并不很了解他，只见过他几面，其实并没有关于他曾经是个怎样的人的具体概念。她犹豫要不要联系丹尼尔的妈妈，但一如既往，对她来说做决定不是一件容易的事情。她踌躇不定、犹豫再三：去见父亲的情人是不是对母亲的不忠？最后，她说：“丹尼尔没做错任何事。他从出生起就是一个受害者。为了他，我想见他妈妈——他是我的兄弟。”

见过他妈妈后，虽然知道了更多信息，但露丝的感觉更糟了。丹尼尔用尽一生希望得到父亲的认可——但从未得到。他是一个聪明、敏感的年轻男孩，但是他的自尊心却因为他“秘密父亲”的存在大受损害。这导致他在学校和大部分社交场合中总是受到排挤。他最终变成了一个孤独的人。丹尼尔和他的妈妈出席了露丝父亲的葬礼，但是坐在后排，完全不被关注和承认。丹尼尔死于一场车祸，恰如他的出生：突如其来，不被期待，一场事故。

在最后，露丝和我都意识到她父亲的故事太过复杂，当我们想找到一个责怪的对象时，她不能在这么多情有可原的情况下，简单将矛头指向她父亲——说到底他毕竟也是个受害者。考虑到他所经历过的那些事，他已经做到了他的最好。但是他确实将自己受到的伤害传递给了他的孩子，不管是这个婚生子，还是那个私生子。

在我们的最后一次面谈中，露丝说：“治疗就像是一个放大镜：有时候让人感觉精疲力竭，但是我看到了很多如果没有治疗我将永远看不到的东西。虽然这东西很管用，我也可以一直进行心理治疗，但也许我是时候抽身，自己面对世界了。”

慕希
Mussie

慕希走进房间的时候，我感到很害怕。不是害怕他伤害我，而是害怕我可能会伤害他。如果可以选择的话，他正好是那种我会本能回避的男人。他穿着设计师设计的衣服，戴着一块巨大而昂贵的手表，说话声大气粗。他的价值观里最重要的就是钱:他有多少钱,他的房子有多大,他的车有多炫。给我付费时，他拿着钞票一张张地数，这让我感觉自己像是个在收钱的妓女。

慕希身形壮硕，身高中等，二十五岁左右。他伊朗籍的父亲和英国籍的母亲离婚了。他经常微笑，这和他眼里透露的悲伤很不一致。他来找我是因为他的弟弟哈希姆在四个月前自杀了，在母亲生日的那个周末探望母亲时，他饮弹自尽。这件事毫无征兆。哈希姆比慕希小三岁，正在上大四。慕希认为哈希姆是因为在中学和大学吸食过量大麻产生了妄想症。慕希说弟弟并不是因为对生活失去希望才选择自杀，而是因为他的毒瘾让他变成了一个“精神病”。

哈希姆到母亲家时状态很差，会产生幻觉，坚信有人在追他。母亲非常担心他，很有远见地在第二天带他去看了急诊，做了精神病评估。一位精神病医师接待了他，给他开了药，并且为他预约了第二周的转诊。在那天晚上，母亲做晚饭的时候，哈希姆找到了枪柜的钥匙（哈希姆的外公曾是个神枪手，留下了一把来福猎枪给外孙们用），拿出了枪，在车库里举枪自杀了。

时髦的外表下，慕希因为震惊而麻木。虽然没有目睹枪击现场，但他脑海中反复出现枪击的画面。他根本想不通为什么弟弟会这样做—— 一点征兆也没有。慕希反复回忆他们之间的最后一个电话：慕希当时正在开车，有点心不在焉地跟哈希姆说之后会打回给他。四小时后，哈希姆就死了。每当他想起那通最后的电话，他就希望能有不一样的结局，比如自己当时有机会劝说弟弟冷静下来，打消他自杀的念头。慕希被时间锁住了，不能向前看：他感觉那射中弟弟的一枪同样也粉碎了他自己的生活。他们的妈妈一直很焦虑，已经不能正常生活：在听到枪响，发现儿子死亡后，她被诊断出创伤后应激综合征。慕希告诉我他们的父亲这几年成了一个更虔诚的穆斯林，对于哈希姆的自杀只感到羞耻，只能以怒火发泄。

我意识到，哈希姆的自杀让慕希感觉到不仅失去了兄弟，同时也失去了他的父母。妈妈曾经跟他说："他是身上掉下来的一块肉，你不会比我更痛苦。"在父母看来他们的悲伤比慕希的更有优先级，这让慕希觉得他无权拥有自己的感情。他现在扮演着他那整日窝在黑暗房间里的母亲的家长。他对于母亲的疏离的反应复杂且矛盾：憎恶，又想保护；心疼，同时愤怒。他的朋友会问他母亲怎么样了，但是没有人问他他自己感觉怎么样，这让他感觉自己更加孤独。

我和他之间隔着一条鸿沟，我要想办法跨越。自杀是个折磨人的主题。近代历史上自杀被许多有组织的宗教看作是一种罪恶。基督教和犹太教最近才开始改变他们的看法；伊斯兰教仍然禁止自杀。自杀的人不能葬在神圣之地，而遗属也会被社会看作异类，被批判和羞辱。但很明确的是，我自己对于自杀没有一点偏见，我感到非常难过和同情，很遗憾会发生这样一件毁灭性的事情。根据经验，我知道恢复过程是一场漫长的拉锯战。自杀者的家人会经历一系列令人痛苦的复杂情感：决堤般的罪恶感、想要杀人般的怨愤沮丧、无助、绝望、暴怒、耻辱、后悔，以及在脑海中一次又一次排演的所有的“如果当初”。

奇怪的是，是慕希率先努力填平我和他之间的沟壑。第四次面谈时，他开始叫我小朱。除了我最好的几个朋友，很少有人这么叫我，这一般会让我心烦。但他这样称呼着我，好像这个名字是他的专属，这件事体现出的真诚足以让我摒弃先前对他的偏见，开始喜欢他。从这时候开始，我看到慕希内在的东西。

一旦了解是什么伤害了以前的他，塑造了现在的他，我就很难再对他或任何一个这样的人心怀芥蒂。同样，一旦他意识到我是值得信任的，便不再会在我面前伪装自己，卸下了最初让我心存戒备的盔甲。我将他看作一个智慧、敏感而受伤的年轻男人。我很快发现，这个男人非常富有创造力，能够快速成长让自己重新投入生活。

伤痛像一块巨石压在慕希的胸口，让他感受不到其他任何感觉，切断了与他人的联系。我经常看见他下巴颤抖，无意识地咬着牙对抗痛苦。我让他更多地告诉我他的痛苦，让他闭上眼睛，通过深呼吸去感受痛苦。他说，尖锐清晰的痛楚在他的胸腔中，他只能看到黑色，什么都没有，只有黑色的空洞，然后画面改变，他看到红色利刃，变成岩浆，在他身体里蔓延。我用更轻柔的声音向他探询，如果那岩浆会说话，它会说什么。慕希说："它正在喷涌毒液和愤怒。"他深吸一口气，眼泪流了下来。他看到的熔浆像一锅沸腾的怒火。然后慕希又看见自己站在山顶大声尖叫："我愤怒地咆哮，我是一颗超新星。"

物理不是我的强项，所以后来我查了超新星的意思："一颗大质量恒星的爆炸，这种爆炸可能由引力坍缩导致，其间恒星的亮度增长二十个数量级，恒星的大部分质量都以超高速往外抛撒，有时会留下一个密度极高的内核。"这让我对慕希体内那消耗一切的灾难顿时有了清晰认识：像一个黑洞一样，巨大而无法逃脱。我很疑惑他的朋友和家人怎么看他：他们会觉得他麻木还是会觉得他即将爆发？这是不是意味着他们会更加疏远他？

我意识到我并没有清楚地了解哈希姆是个怎样的人，以及慕希和他之间的关系是怎么样的。我知道的是："阿希很害羞，想问题很周全，是一个深沉的思考者"。慕希给我看了一张他们俩站在一起搂着彼此的照片。他们俩长得挺像，但是哈希姆个头小一点，胖一点，眼睛盯着地下。慕希是那种很典型的大哥，有控制欲，爱指挥人。爸爸更喜爱的孩子是哈希姆。比起慕希外向的社交型性格，哈希姆听话得多，是那个"更懂事的孩子"。现在，慕希却因为成了那个"留下来的孩子"而感觉到可怕的罪恶感和愧疚感。这感觉在和他父亲相处时格外明显。父亲让他觉得自己从来都不够好：“我不是阿希，我永远不可能成为他。”我知道失去会怎么样笼罩其他现存的关系，常常会暴露出这些关系中的裂痕和缝隙。

哈希姆在他短暂的一生中交了许多朋友。慕希告诉我：“弟弟死后，他朋友的来访是一件令人欣慰的事。他们会来家里，喝杯茶，帮帮忙——就像是带来了弟弟的一部分，我妈妈仅仅会在那个时候走出房间。”有时候他们会去哈希姆的房间，放一放他的音乐，在一起说话。慕希很喜欢弟弟的朋友们来玩——这是一种让他在不用体验痛苦的情况下接近弟弟的办法。但他发现有些事令人困扰：“如果我身边的人情绪激动，我总是会安慰他们。这让我感觉很烦。有些时候有人在哭，我就会想‘我根本都不认识这些人’。我自己是不哭的，太震惊了，没法哭。我觉得整个事情失衡了。”之前我也多次听说过类似的情况。朋友来家里探访——坐在一起，互相照应，但是不太沉重，没有痛哭流涕，这对大家是极大的安慰。而让人感觉非常为难的情况是，朋友在身边哭得很伤心，最后需要死者家属来安慰朋友。

后面几周，更清晰的画面开始浮现。慕希小的时候，父母在持续几年的激烈争吵后，最终以爸爸离开妈妈收场。哈希姆十二岁的时候“开始剧烈地咳嗽，是那种房间尘螨引发的咳嗽，都没法去上学，只能躺在沙发上，不能忍受亮光和噪音，体重一直掉。他的情况影响了整个家庭生活”。慕希觉得这件事令人愤怒又焦虑。妈妈带着哈希姆辗转各个专家医师之间，但是没人能给出有用的帮助。直到六个月后，一位会诊医生无情地告诉他们，哈希姆没有任何生理性问题，他的症状完全是心理因素导致的。父亲对此很轻蔑，说这是“心理呓语”，认为他们应该更多地祈祷。妈妈费了很大力气找到了一个很好的儿童心理咨询师，又过了六个月，哈希姆的症状慢慢消失了。他回到了学校。慕希将这整件事理解为哈希姆因为父亲的离开产生了分离焦虑症。父亲对他的“特别的爱”是哈希姆内心世界的支柱，随着父亲的离开，这支柱被粉碎了。哈希姆从来不曾谈论这个，他害怕如果告诉妈妈自己有多想爸爸将会失去妈妈。

慕希很努力地想让生活重回正轨，他决意不能让弟弟的死去定义他自己的人生。他在伦敦商业区里担任见习生辅导助理。他不喜欢他的上司，他认为那个女人不够尊重他，会派他去做一些很琐碎的私人杂事。工作上的事情杂七杂八，但他得承认这份工作在某种意义上讲并没有要求他投入很多：“都是我力所能及的事情。”这样的好处是有一个规律的生活架构使他不再囿于自我情绪，哪怕一次只有一个小时。但是，他时常会被无法预测的一波波恐惧所侵袭，“有时候一天三次，但也有时候三天都没有一次”。他感觉自己好像是疯了。我再次告诉他，虽然他感觉自己很疯狂，但对于经历过创伤性死亡的人来说这是很正常的。他学着用深呼吸来挺过这种感觉，但他还是觉得濒临崩溃，持续焦虑。

我们的治疗激动人心，也很费精力。慕希开始会先讲讲他有多么想念弟弟，他在如何虚度光阴，以及周围的人怎么受到负面的影响。看到父母受到伤害是让他最难过的事情。他妈妈已经固执于问一些不可能有明确答案的问题——她近乎苛刻地自责，像在法庭上一样向所有知道哈希姆的人盘问他吸毒的情况，希望哈希姆至少给她留下了一个解释。慕希很心疼妈妈的样子，虽然他不希望自己因此责怪哈希姆，但他控制不住。面谈时的强度和紧张程度已经到了让我头痛的地步。我有一次对慕希说："我感觉钢钉正在被推进我的头骨。我不知道你是不是一直有这种感觉？又紧张又疼痛，巨大的痛苦没有片刻缓解。"慕希紧紧盯着我的眼睛：他感受到了一丝欣慰，因为我终于从生理上理解了他分分秒秒都在经历的感觉，哪怕只是理解了片刻，对他而言也意义重大。走进他的世界深处去感同身受是帮助他和建立彼此间信任的关键。

慕希被锁在了一个自我责备和自我厌恶的恶性循环里，他酗酒，然后挣扎着想让自己停止酗酒。他想让自己振作起来，但无法开口寻求安慰，这种需索让他感觉羞耻。脆弱对男人来说可能更难以应对，对他们来说这可能是个肮脏的词。这又要追溯到慕希和爸爸之间矛盾的关系，爸爸现在将所有希望都寄托在剩下的这个儿子身上。虽然谁也没说，但是很明显：“他希望我能满足他对哈希姆的期望。但无论我做什么，我都不可能成为他。”慕希每次见到爸爸都觉得很不舒服，而事后又会感觉受到了残忍的对待。“他希望我更虔诚一点。我有一天做了一个噩梦，梦见我杀了他，为了钱卖了他的尸体。我不需要你为我释梦——我想我自己明白。”

我们在夏天里暂停了面谈，那对慕希而言是一个糟糕的夏天：他孤独而愤怒，非常愤怒，他跟朋友、跟小店老板，跟所有人、跟任何人冲突——跟自己说他们令他不满，令他失望，他知道这实际上是为哈希姆悲伤，但这个真相残酷到令人难以接受。

我鼓励慕希用视觉图像的方式来表达自己的愤怒。我让他描述了不同版本的超新星，超新星已经成了我们对他心中澎湃的愤怒的代名词，这种方法好像对他很管用。我们看着他燃烧，咆哮，爆炸。我们注视着他浴火重生，犹如凤凰涅槃。情况最激烈的几次面谈之一，他把自己看作是一团正在咆哮的火焰。我问他火焰烧尽之后是什么。他哭得发抖，给我描述了这样一幅荒凉的景象：“周围全是灰色。除了灰烬什么都没有。”我希望能过去给他一个拥抱，但是我没有。我觉得对他来说这个动作可能带着侵略性。但是我还是告诉他我能理解他，我与他在一起，我知道他的内心有多弱小，他多么需要被保护和爱。这些话看起来是有用的：他安定了一点，呼吸也不那么沉重了。

当慕希在日常生活中表现得更好了一些，他与别人的关系就成了我们治疗的重点。他很爱妈妈，现在却很怕见到她，因为妈妈实在太需要他了。而他对父亲的愤怒让他想要逃离。有些时候他会很高兴地蹦跳着进门，像一个充满活力的年轻男孩。但有时，他对父亲的愤怒和怨恨会展现出来，强烈到逐步侵蚀我的身体，让我也无法清晰思考。我将这个情况告诉他，我陪同着他经历一切这件事又一次让他感到轻松一些。他会永远对父母持有这些强烈的矛盾的情感，他接受了这个想法，同时知道这些情感不会控制他。有一次面谈特别痛苦，他直面了那个“羞耻的自己”，并因此流泪，然后他又找到了那个“更好的自己”，那个爱他、接受他的自己——他因此泪如泉涌。他的两个自我之间存在着激烈的拔河比赛，双方时而用力拉扯，时而松手。但是最后他说：“我的大脑终于得到了放松。”

随着时间的流逝，慕希内心的画面变得柔和起来。他在脑海里看见了哈希姆，但是他没能长时间留住他：“如果我想起他，我不会沉溺其中。我让这记忆轻轻来轻轻走，我感觉这样不错。记忆飘来又飘走。”慕希有一天戴着哈希姆的手表来到我这儿，当他回忆哈希姆的时候，就会用手指轻轻敲打表面——他们一起骑车，一起玩游戏机，一起打闹，在任天堂游戏中比赛。他深深想念哈希姆，但是不允许自己一直想着哈希姆。“这太痛苦了，我需要让自己拥有好心情。”

慕希的工作表现在慢慢有了起色，他通过工作感到自己重新充满能量，逐步建立自信。他买了一只小狗，养狗让他振作起来。他也学着从小狗身上了解自己的行为会产生怎样的影响，逐渐意识到包容和界限的重要性：“我的生活因此慢慢变得有生命力了。”

有一次去探望父亲时，慕希发现自己无意间带上了哈希姆的出生和死亡证明。慕希告诉父亲：“他的出生证明更重要，他曾经在这里，曾经活过。他做过很多好事，直到几个月前，都拥有清白的一生。没有什么需要哀悼的，我们应该记住那些灿烂的回忆。”

他开始忘记来赴约，我们讨论是不是到了该结束的时候。他告诉我他从来不“结束”，但我们还是定下了最后一次的日子。我们结束了面谈，他很感激。他告诉我，他信任我——“我可以看到你眼中的真诚。”他走了，这回没有付钱。

法西亚

Faziah

我和法西亚的关系是二十一世纪式的，她在网上找到我的联系方式，我们每个星期都要打网络电话。我从来没有跟她见过面，但我看过她的起居室，有时看到她的孩子——两个十几岁的儿子和一个女儿，特别是有一次她的一个儿子不得不来帮她解决技术问题，有次谈话的一半时间里我看到了她的丈夫。实际上，比起她来我的咨询室，我通过这种方式看到了更多的她的世界。

法西亚是个四十五岁的全科医生，生于巴基斯坦，住在伯明翰。她的姐姐阿丽亚六个月前被诊断患有运动神经元病，法西亚极为震惊。她的姐姐是她生活中最亲近的人。出生在一个大家庭，只相差十八个月的她俩感觉就像双胞胎，她们分享彼此生活中所有的细节。为了孩子有更好的前程，法西亚在两年前离开姐姐来到英国生活，这是她人生中最艰难的决定。这个决定之所以艰难，不仅因为她是如此爱她的姐姐，而且因为这与大家庭共同生活的文化习俗相悖。巴基斯坦的特殊医疗护理是阿丽亚难以得到的，所以她由家人来照顾。他们都被告知，阿丽亚的预期寿命还有四年，而法西亚对此束手无策。

我们接触的头几个星期，法西亚抱怨阿丽亚的诊断结果，哭啊哭。法西亚无法接受自己的束手无策：她希望阿丽亚康复，作为一个全科医生，诊断并治疗是她的分内之事，但她无计可施。惯常的形式是，我们的网络电话会从我的问题开始，比如："你好吗？" 而她的回答一成不变："我很好。" 然后，她一提到阿丽亚的名字就会悲从中来。谈话结束的时候她想要个"药方"——我能给她什么有用的帮助呢？我通常给她的答案是锻炼。我知道我又要开始重申锻炼了，但这的确是我能推荐的最好的药方。到户外去，让你的心脏跳动起来，呼吸空气，之后你几乎总是会感觉更好。我还建议她做一些能安慰自己的事情，无论是看电视还是做按摩。重要的是选择那些能在意识上安抚她的活动。我也经常提醒她，尽管她觉得束手无策，但她对姐姐的帮助比她自己愿意承认的要多得多。向姐姐表明自己有多爱她—— 一种亲密的爱，从小到大，并肩认识同一个世界——是至关重要的支持。

法西亚的丈夫是个很传统的好人。他可以讨论实际的事情并给出对策，但是他没有领会倾听她有多么重要。他很快对阿丽亚的话题缺乏耐心了。当法西亚开始谈论自己的时候，他会讲起别的事情或者离开房间。他们为此争吵，但是他没法做到让自己坐下来听她讲，这对他来说要求太高了。我想大部分人在这种情况下会被自己的丈夫激怒，可能还会退出这种关系；我肯定我会。法西亚的情况是，她接受了他的缺点并有所变通，感谢我为她充当了倾听者的角色。

阿丽亚有三个不到十四岁的女儿，但法西亚很少对我说起她们，阿丽亚还有个十七岁的儿子，哈姆扎，她和丈夫最担心的是他。整体说来她的家庭的沟通并不是很好。他们的家庭规则是“没事的”。法西亚告诉我，哈姆扎显然因为母亲有这样一种致命的疾病而很愤怒，并因对她的愤怒而内疚，在理智上明白错不在她。他感到害怕她死去，但同时又想要自己的生活像正常的少年那样。这是一种在某种意义上需要被坦陈的复杂情感。而他对自己的情感保持了严格的控制，并把时间花在了电子屏幕上，试图尽可能对此不闻不问。

当我建议法西亚应该跟阿丽亚讨论一些敏感话题（比如她的恐惧可能是什么）时，她自然不情愿这样做，她会埋怨我让她“看脸色”——那种“就这样做”的面孔。当法西亚最终问到姐姐的忧虑是什么时，阿丽亚说她最大的忧虑是她的孩子们,尤其是儿子。作为母亲,她对让他们失望感到内疚。此时她尚存的最大心愿是在有生之年尽可能做好他们的母亲。她的母爱在她面对死亡时是一种非常真实的生命力。阿丽亚也为自己感到害怕，害怕窒息，害怕摆在她面前的摧毁性的恶化。法西亚本能地知道阿丽亚有多么害怕，但听阿丽亚自己诉说这种害怕让法西亚感觉像是重新发觉了这一点，这让她深为难过。

每次跟法西亚谈话，我都陪着她哭。她的姐姐在慢慢死去，对此，根本没人能提供任何帮助，在我看来这实在太糟糕了。阿丽亚将逐渐失去她的头、颈和身体其他部位的行动能力，她将再也不能说话或以任何方式沟通——所有人心里都明白她最终会因无法呼吸而死亡。当我想象法西亚和家里的其他人将怎样面对这些，我感到怕和心碎。我们的关系支撑了我们双方：它是发自内心的，而且因一个黑色幽默的分享而强化。法西亚说我们的笑声“赶走了坏事”，我们开发出来的轻松玩笑帮助她承受了能轻易击垮她的无力感，在每次谈话结束时带给她平静感。

法西亚一年去看阿丽亚三次，这些探视充满艰辛。她必须离开她的丈夫、她的孩子，暂停她的工作。这些探视花费巨大且令人疲惫不堪，但也至关重要，因为她到了那里就可以把全部心思放在姐姐身上了。她们可以重新因她们共同的记忆、她们的手足默契而联结，她可以成为她想成为的妹妹。她从阿丽亚的眼神和表情中看到，她的“无礼”的黑色幽默可以帮助她们驱散眼前的恐惧，哪怕只是片刻。

这些探视使法西亚正与之对抗的各种内疚浮出水面，“它们像章鱼的触手一样突然出现，我从一种内疚中解脱，另一种又来嘲弄我，缠住我，用力地挤压我”。我们小心地化解了两种内疚：一是她认为自己应该回巴基斯坦跟阿丽亚一起生活，她知道这对丈夫和孩子来说是不合适的，却是阿丽亚所希望的。法西亚希望我能从她的角度来理解：选择留在英国，她正在打破家庭责任的内在传统——作为一个家庭生活在一起。她觉得自己的一部分在这个过程中破碎了。二是她还活着而且健康，还能享受日常生活，规划未来，和孩子一起游戏，与此同时阿丽亚被幽禁在轮椅上，几乎无法说话。后来在一次我们的谈话中，法西亚面对着“未能回到巴基斯坦”的内疚，那时她已经告诉阿丽亚自己会留在英国。“这是一个难以接受的必输的决定，但是我决定了。至少我直面了阿丽亚，直面了我自己。”虽然我可以看出内疚并没有消除，但最起码那可怕的“我应该 / 我不应该”的缠斗结束了。

在第一年的每周一次谈话之后，法西亚对这样的定期面谈的需要减少了。她已经清楚地了解了她的内心发生了什么，以及如何帮助自己，这样，最终我们每两个月通一次网络电话。在谈话开始的时候，法西亚会对我摆出一副坚强的样子，以此告诉我她根本不想哭或没有任何感觉。她为自己已经"习惯了"悲伤而难过。我温柔地让她知道，作为人类，想要生存就必须适应，这常常意味着改变我们的观点，有能力适应新的现实，这可能是保持健康的最重要的方式之一。大多数时候我说得很少，我听。我反馈我所听到的信息以及我感觉到的法西亚的感觉。

我们在一起的第二年，法西亚的哀伤从势不可当的泪水变成了令人精疲力竭的、漏水的龙头滴下的泪水，一滴滴渗透到她所做的每件事中。她感到了一种缓慢的、无处不在的悲伤，似乎是她姐姐的病痛的镜像。我给这些感觉留出空间，但也积极鼓励她去做一些有趣的和积极向上的事。我的论点是——我们都据理力争——这是一场漫长的比赛：她需要好好照顾自己，休息和恢复自己，如果她想渡过难关的话。在这个问题上她相信她的日常祈祷已经足够了，但是尽管信仰是支撑她的中心支柱，我认为她还需要参与生活的方方面面，享受她作为妻子、母亲和医生的角色。一个悲伤的妹妹不应该是她的全部。

我向法西亚问起她所在社区的人们，以及他们对她的支持。她有一个朋友会问起她姐姐的事，但总的说来，她觉得他们的态度是“相信安拉的旨意，要坚强，要祈祷”。他们质疑她不断地纠缠于她的无力感和悲伤是否理智：“这对你真的有好处吗？”所有这一切真的没有让她生气，因为她相信对“真主的安排”要有耐心。“我感激真主给我的一切，我感激我的生命。”这种态度在她的心中是至上的。

随着阿丽亚病情逐渐恶化，法西亚的愤怒爆发了出来，她跟姐姐的联系正逐渐减弱。“我在一点一点地失去她。”她含泪描述她能体会到的阿丽亚每天坐在轮椅上的实际感受和思考，阿丽亚再也无法挪动她的腿，控制她的头，使唤她的手，完全不能为自己做任何事。我和法西亚一起为她姐姐的严峻境况而哭泣，到那时，我们已经有了亲密感和纽带，让人心碎又温暖。

我们谈了更多关于阿丽亚的临终安排，我问她：“你有什么话要对姐姐说吗？确保你别留下任何遗憾。”幸运的是，法西亚已经跟姐姐做了重要交谈，而且阿丽亚写了一封电子邮件——花了她数周——提出了对自己葬礼的希望和对她的家庭未来生活的希望。

我和法西亚在一起的第四年是以永远不知阿丽亚何时死去的念头为中心的。随着精力耗尽，不可避免的充满罪恶感的念头出现了：“这何时是个尽头呢”和“我不确定我还能坚持多久”。这是一个折磨人的情感上的绝境。法西亚的想法是混乱和黑暗的，它们黏住她，让她所有其他的感觉都变了色。虽然她很伤心，但我看得出，她坚信真主的旨意拥有至高无上的力量。我发现，我很羡慕她的信仰给她带来的安慰。

到了第五年，阿丽亚的境况变得痛苦不堪。她无法与任何人沟通，无法动弹，只能通过静脉注射获得营养；而整个过程中，她的意识和智力都没有受到损害。长期的疲惫耗尽了她丈夫和四个孩子的耐心，他们的紧张情绪经常导致巨大冲突的爆发。法西亚与阿丽亚的每日网络电话不得不减少为两到三天一次。

法西亚给我发短信说她要去巴基斯坦，因为阿丽亚病情恶化了。几天后她又发短信给我：姐姐罹患肺部炎症，在睡梦中平静地死去了。她的“悄悄离开”对他们所有人来说影响很大。法西亚心里曾一直萦绕阿丽亚死于窒息的悲惨画面，但最后，她幸免于此。

虽然我从来没有在网络之外见过法西亚，但我感受她沉重的悲伤已经有一段时间了。我的工作可以很奇怪：我在这里，为一个从未相识的女人悲伤，而她可能还不知道我的存在。然而，这感觉像是真实的丧失。阿丽亚在我心中已经有五年了——我想象着她的痛苦、她的恐惧、她的孤寂，现在，她已经走了。

法西亚从巴基斯坦回来后，一度提高了谈话频率。因为她的悲伤是刺痛的，她又为阿丽亚的死亡哭了一遍，为她失去了她在世间的存在而哭。法西亚的信仰抚慰了她，因为她相信阿丽亚是在天堂里的，而且再不会受到折磨。但她还是在强烈的悲伤、麻木，机械的工作和与孩子及丈夫分离的感觉间徘徊。不过，此时她发现每天早晨醒来时她的呼吸变得更轻了，不情愿地意识到，担心和未知的重量已经从她身上移开了。

她的信仰是她最坚定的盟友。她遵循了她的信仰传统，并履行了她的宗教所拥有的全部仪式以加速阿丽亚往下一个世界的旅程：在特殊日子的集会仪式上祈祷，背诵《古兰经》，向邻居和社区的穷人提供食物。我看得出，相信阿丽亚在一个“更美好的地方”，有一个坚实的身体，这种相信给了她力量和安慰。

随着时间的推移，她的悲伤缓和了，她感到了平静。她骄傲地说：“我每天都想阿丽亚，我在脑海里看到了她的脸，我不再害怕我会忘记她。她是我的一部分。我相信有一天我们将会在更好的地方团聚，再没有那么多苦难和疼痛。”

反　思

Reflections

这里的每一个案例研究都是一个人与艰难的死亡相抗争的复杂的心理画像。我不禁记录他们，是因为我和这些来访者之间有特殊而强有力的关系，在我们的工作完成之后很久，这些关系在我的生命中依然存在。

理想的兄弟姐妹关系会给你一个你的“团队”：那些终其一生站在你这边，无论何时何地。当人们说“只有一个孩子”时，这话的意思是仅有一个还不足够。手足之情的力量可以跨越经年不沟通的障碍，兄弟姐妹会通过共同的基因、历史、秘密、记忆和语言，而永远联系在一起。

成年兄弟姐妹完全断绝关系的是少数，接近三分之一的人把他们的关系描述为对立的或疏远的。但是当然，他们面对手足之殇并时不会因此容易一些。它只会增加一层复杂性——失去了弥合裂痕的机会，而后悔过去的行为会带给他们相应的痛苦。

绝大多数的兄弟姐妹死亡是发生在老年人身上，而这些人通常不寻求心理咨询。尽管 80% 的人口有兄弟姐妹，但社会没有给予这个我们生活中最关键的关系以相应的重视。举个例子，我们没有一个类似于失偶者或失去父母者支持组织的、为失去兄弟姐妹者提供支持的组织。当代研究逐渐显示兄弟姐妹对我们性格发展的影响比我们目前所意识到的大得多——这意味着他们的死亡将伴生冲击并对我们产生深远影响。

我从与来访者的接触中得到的经验是，关系中的感情越深，治疗见效的机会就越大。当来访者信任这种关系时，他们会更相信自己，并把自己与困扰他们的核心问题相联结。当他们把通常由于羞耻而隐藏起来的自身的某个方面展示给我的时候，他们也会展示给自己——这反而会让他们变得更容易接受自己。我的信念是，深度治疗的可能性是由治疗关系中的双方共同创造的：如果某人不向我敞开心扉，我只能走这么远。我认为这也是最亲密的友谊的真谛，当我们开诚布公而不评头论足，友谊会更深厚。

自杀

慕希的悲伤因为他兄弟死于自杀而加剧，和其他人一样，这对他而言，意味着更复杂、更持久的悲伤，尽管心理治疗过程中的实际的任务和经历是相似的。通常会伴随悲伤而来的内疚，往往让人感觉像是实际存在的伤口。许多没有回答和无法回答的问题在慕希脑中盘旋——“为什么？”“怎么了？”“假如……”它们冲击着他所有其他的精神活动，使他无法正常生活。

内疚和羞愧通常伴随着诸如“如果……就好了”这样的假设。自杀的污名可能会给失亲者带来极度孤独的感觉，因为朋友和同事不知道如何接近他们，所以可能什么都不会说。自杀事件中的失亲者也可能会被贴上“坏兄弟”和“坏母亲”的标签——他们肯定做了什么或什么做得不够才导致了某人的自杀。

自杀的影响可以持续很长时间，人们常常没有充分意识到这一点。死亡的故事在失亲者的脑海里往复盘旋，总是阻止他们给出一个不同的、更快乐的结局的尝试。

我帮助那些失亲者的方法之一，是让他们把自杀看作是“大脑的心脏病发作”。我们能够理解，任何人从生理上来讲，无论他们的年龄或健康状况如何，都可能出现心脏病发作。

一些生理疾病可以预防，另一些则不能。那些自杀的人的大脑是无法正常运作了：他们无法理性思考，他们的思想攻击了他们,是“大脑的心脏病发作”导致了灾难性后果——自杀。对我来说,这有助于消除附加在“选择”自杀上的指责和羞愧。也许在某些情况下，这种选择是正确的，但大多数心智健全的人不会选择这样做。

我曾看到有些人是如何主动下定决心不让一起自杀事件定义他们，而且他们通常有心理力量来做到那些。我也和其他一些对自杀身亡的人依然有极其强烈的愤怒的人一起工作过，这只会让他们内在的痛苦延绵不绝。人们讨论的是“找到一种生活方式”与自杀事件带来的悲伤共存。正如一个失亲母亲对我说的:“你永远无法‘越过它’,你要‘与它同行’;你永远无法‘离开’，但你要‘往前走’。你开始吸收这种失去带来的强烈痛苦，你开始非常非常缓慢地接受。”

自杀中的家庭系统

在一个家庭中，每个成员都会有不同的悲痛，这可能会彻底扰乱家庭结构。在某些案例中，这种系统永远不会恢复到原来的状态，无法保持平衡；另一些案例中，它可以恢复。

然而死者的缺席总是会被感知，无论家人选择承认还是回避。

沟通问题可能是悲伤时的最艰难的一点，在家庭和更广泛的社交群体中都是如此。这种悲伤的过程可能遇到的障碍包括（通常不会说出来）、关于自杀的信息及理解不足，以及他人的不知所措。家庭成员被孤立，默想诸如这样的问题："如果你爱我，你怎么能这样对我，给我留下一团糟？"此外，当死亡是源于自杀的时候，未来的幻灭可能会对遗属带来更大冲击，因为他们所爱的人所做的决定根本就没有未来。

自杀的风险因素

失亲是自杀的风险因素之一。当有人说他们要自杀时，他们并不是"哗众取宠"，应该被认真对待，知道这点对我们都是有用的。一次自杀未遂经历是自杀的最大风险因素。据估计有 50% 以上的自杀者在自杀之前曾试图伤害自己。

自杀数据

在英国，每年有大约四千四百人结束自己的生命，每两个小时就有一人死亡，自杀未遂者至少十倍于此。

大约 75% 的自杀者是男性，在几乎所有文化中自杀率随年龄的增长而上升。在英国，自杀率最高的是七十五岁以上人群，同时自杀也是三十五岁以下男性的常见死因。

被诊断为心理健康状况异常的人特别有风险。大约 90% 的自杀受害者在死时患有一种精神疾病。

酒精中毒者、临床抑郁症或精神分裂症患者是自杀风险最高者。多达 20% 的自杀未遂者在一年内再次自杀，这个群体的自杀率是从未有过自杀企图者的一百倍。

对年轻人来说，霸凌、家庭混乱、心理健康问题、失业和自杀家族史都可能成为增加自杀风险的因素。在年轻人中，80% 的自杀者是男性，三分之一的年轻人在死亡时是喝醉的。

对老年人来说，贫困、居住质量低、社会隔离、抑郁和身体健康问题都是增加风险的因素。在英格兰和威尔士，每年有一千名五十岁以上的男性自杀者。

创伤性悲伤

创伤性悲伤产生于一种突发的意外死亡，可能源于像哈希姆那样的自杀也可能源于谋杀、意外或战争。这是一种难以承受的悲伤。这种事件如果被目击或者甚至只是想象，其震撼力都强烈到足以让人产生记忆闪回，它可以被一个或多个感官触发：视觉、嗅觉、触觉、听觉。悲伤表现可能是在爆发极端情绪和完全停摆状态之间交替。

对所发生的事情有个完整叙述，把这些话语与剧烈的感受联系起来是很有帮助的，这可以通过写日记以及与亲密朋友谈话来完成。创伤驻留在身体里，所以当将事件及其导致的情感付诸语言的时候，进行深呼吸是非常重要的。以你能控制的步伐前进，感觉控制不了的时候就停止。接受另一个人来安慰你。锻炼提高心率，然后是平静地冥想，这有助于减少所有恐慌的情绪。

在有需要保持克制的情况下，例如在工作中，有一种阻断痛苦想象的练习是很有用的。

· 想象一个电视屏幕。

· 把痛苦的画面在那个屏幕上具象化。

· 三次深呼吸。

· 换频道。

· 把一个积极的图像放在屏幕上。

· 三次深呼吸。

· 关掉电视并把你的注意力转移到别的事情上。

这个练习可以应用于任何困扰你的重复性习惯，使用得越多，效果越好。

在创伤性事件发生后的六周时间里出现闪回是正常的，但如果持续更久就可能是一种创伤后应激障碍，建议向专业人士寻求帮助。

| 创伤的二次传播

露丝以及跟她一样的人——患有创伤后应激障碍的人的孩子——常常没有被告知创伤性事件的完整故事。他们缺乏可以聚焦悲伤的记忆，但是他们的生活同样遍布不幸，被那些没有被哀悼的鬼魂所萦绕。孩子们在生理和心理上承受着这些不幸，但他们不知道这是一种伤害。他们只知道自己总是感到“沉重”和“悲哀”。

我的一个来访者的父母是创伤性事件的实际受害者，这个来访者说:“我身上有这么多伤疤。但我不知道伤口在哪里。这比受伤更可怕。”从出生开始，这些孩子就会形成思维方式和特定的习惯帮助他们摆脱担心和恐惧。

许多家庭如果去看自己的历史就会有一种感觉，这里有未曾透露的秘密，它们的毒性在代际流淌。我由此得出的最基本的结论是，不管真相如何艰难，总比谎言和掩盖真相要好。我们无法应对我们不知道的事情，所以，只有了解了“是什么”“怎么样”和“为什么”，我们才能充分处理一件事情。

管理创伤传播的能力受到许多因素的综合影响：社会环境（包括禁令和禁忌）、家庭系统内的沟通、每个孩子的遗传倾向。我们越多地理解这些因素，就越有可能自己帮助自己。

信仰/灵性

与许多人一样，宗教和文化在露丝和法西亚的生活中扮演着重要角色，塑造了他们的自我意识、他们的世界观和他们对死亡的态度。

治疗早期，我问来访者他们认为死去的人现在是在哪里。许多人是不确定的，但有些人因为明确的精神信仰而有想法。还有些人之前可能有过信仰，但是，在这样一个毁灭性事件之后，他们正在跟一个让他们感到愤怒的神搏斗，他们认为很难相信或信任他。对于悲伤的过程而言这本身就可能是非常有害的。

所有宗教都是如此：家人、朋友和同事一起通过共同见证和哀悼来分担悲伤。熟悉宗教习俗和遵循仪式有助于控制混乱和不适应的感觉。

大多数宗教都就死者的灵魂发生了什么提出告诫。不同的仪式和典礼把灵魂引向上帝、天堂或“光明”。失亲家庭的信仰越强烈，他们参加的仪式和典礼就越重要。

对信仰上帝的人来说，信仰可以赋予死亡意义，有宗教信仰的人通常想象，逝去的人在这个世界上引导着他们。终有一天会重聚的想法是对他们最大的慰藉。为逝者祈祷和向逝者祈祷是联结他们与逝者的一种常见方式，同时，这也再一次为生者提供极大的安慰。

那些有信仰的人说，他们的宗教或灵性对他们度过悲伤时期是有帮助的，甚至是至关重要的，尽管这并没有确凿的实证。据我观察，信仰对那些在悲伤中坚持自己的宗教信仰和精神信仰的人有积极的影响。

相信生活是有意义的，这是幸福的一个重要因素，而且能为人提供逆境中的保护。那些能够把逝者留在自己内心，从而找到意义的人，他们经常感觉到逝者精神性的存在，因而更有能力继续活下去，尽管他们所爱的人的肉体已经不复存在了。

当失亲者没有任何有组织的宗教信仰时，他们也可能从精神层面去试图理解他们的亲人去到了哪里。有趣的是，本身不信上帝的人遇到坏事时，依然会向上帝求助。求助于某些更高的力量而不是自己，看来这的确是人的本能。

我遇到过许多家庭试图相信在一个“更美好的地方”将会同逝者团聚。对那些坚信者，这有时是他们能够忍受当下生活的一个因素。在我的经历里，那些失子的父母尤其如此。

面对垂死者

法西亚看着姐姐死去的五年历程有着难以想象的困难。这是一种面对垂死者的经历，但贯穿它的最重要的线索是爱的力量。家人和朋友很自然地希望自己面对逆境时能够有所作为，然而由于这是一种无法治愈的退行性疾病，情况无法改善。但重要的是不要低估爱的力量，我知道许多家庭，他们觉得自己付出的爱是不够的，但当他们认识到自己为之付出的是临终的人生命中最重要的事情时，他们就会受到鼓舞。

家庭中常出现的问题是，一个孩子行将死亡，他的兄弟姐妹是健康的。这会产生不言而喻的嫉妒，让垂死者直接嫉妒健康的和有着未来的家庭成员。这些情感可能很难被意识到，因此经常是通过愤怒、悲哀和疏离来表达。如果家人能找到一种方式鼓励临终的孩子公开表达它，每个人都会感到极大的轻松，失亲者日后的纠结也会少一些。

任何一个被多年护理工作磨光了耐心的人，都可能在两个痛苦的想法之间徘徊："我再也做不下去了，我希望它结束"和"我害怕她 / 他死"。这两种想法都是真实、有力的。但当两者相互竞争时，就会让人觉得快疯了。"我希望它结束"的想法不仅会掺入内疚，而且会转换为另一种"奇怪的想法"——即使只是这样想想，它也可能会加速垂死者的离去。另一方面，"我害怕她 / 他死"，则像一口装着黑暗材料的沸腾大锅，这种想法需要被表达出来，以避免照顾者生病或抑郁。它们在这种情况下都是很常见的。

失去儿女

When a child dies

我们会给逝者留出一个位置。我们知道，时光流逝，极度的悲伤会渐渐平息，但我们也知道，心的伤口无法愈合，逝者无人可替。无论如何填补心的空洞，即使完全填补，也不复当初了。

——西格蒙德 · 弗洛伊德（Sigmund Freud）

亨利与米米

Henry and Mimi

我认识亨利和米米的时候，他们的儿子艾登的死产刚刚发生不久，这给他们带来了毁灭性打击。我几乎可以“触摸”到他们的痛苦。他们说出的每个词都是痛苦的体现，就像他们正一步步走在破碎的玻璃上，他们的呼吸因打击而急促。我望着他们——一对很有魅力的美国夫妇，想象着他们发现怀孕时的欣喜，整个孕期的期待，所有结果正常的检查和化验。

他们为艾登本身哀悼，他们渴望抱一抱，闻一闻，摸一摸他。同时他们也为本可以拥有的与儿子的幸福生活哀悼，他们以为可以看着他长大成人，他们本来确实有权利期待这些。在理想与荒凉的现实之间的鸿沟显而易见。我都能感受到胸口疼痛，小腹收紧，但我同时相信一定有方法让他们重新继续生活。

米米仍然处在剖宫产的恢复期，全身疼痛，脸色苍白，头脑昏沉；她的乳房还在涨奶，就像在表达无声的愤怒。她的眼里没有活力，满载伤心，漆黑一片。他们的故事大多都是亨利讲述的。

他们在一起八年，结婚五年，三年前搬来英国。他在一家全球性的网络公司工作，而米米是一位医生。他们决定在她接受完所有培训之后要孩子，但是事情并不顺利，米米花了两年时间才怀上孩子。我看得出来为什么他们俩能在一起：他们价值观相似，都想改变世界，都很有野心。亨利是一个身材高瘦的男人。米米金发碧眼，清爽整洁。他们说话时身体朝向对方，抓住彼此的手，认真倾听对方。他们各自哭泣，看到对方哭，自己也会哭。这样的场景令人动容，也让我对他们的未来很有信心。

艾登夭折的消息很快传开，他们即刻面临一个艰难的选择：要不要让米米的父母从美国过来？亨利的爸妈问都没问就上了飞机。但是对于米米的父母来说，情况有些复杂：他们并没有同意亨利和他们的女儿结婚，因为亨利是黑人。作为一个波士顿的传统家庭，他们不希望女儿拥有跨种族的婚姻。当时家中并没有大吵大闹，而是死寂一般的无声的反对；米米与父母渐行渐远也是亨利他们搬来英国的主要原因。我能看出她有多么矛盾。儿子的死撕碎了她作为成年人的自信，让她觉得自己弱小无助，需要妈妈的安慰。但同时，她又不想背叛亨利。可以理解，亨利显然对于她父母的偏见非常愤怒。

我认为米米需要母亲。如果她的父母被排除在外，这可能会造成更大的难以修复的裂缝。但是我并没有向他们表达我的想法，不想介入他们的选择。他们最终沟通出了相同的结论，米米的父母飞来了英国。他们将在英国待一周，足以亲近米米，又不至于长到产生生活矛盾。

葬礼令人窒息。米米说："为葬礼买花是我们能为艾登的小生命所做的唯一一次庆祝。这同时是他五岁的生日派对，他十八岁的，二十一岁的……他的婚礼。"亨利抱着小小的白色棺材，他泪流满面。牧师主持了仪式，宣读了祷词；亨利和米米都读了诗歌和祈祷词。仪式短暂，每分每秒都承载着悲伤，哀悼着发生在新生命开端时的死亡。

当他们向我讲述时，我能感受到自己体内的沉重。我看了一张艾登的照片，他样貌周正，被裹得紧紧的，看起来就像在睡觉，真是个漂亮的小男孩。我很欣慰他们拍了照片，这对以后来说意义重大。我也很庆幸他们和他共度了一段时间，一整晚抱着他，创造珍贵的、将会伴随他们一生的回忆。

我问自己为什么一个这么漂亮，看起来这么健康的小生命会死去，变成回忆。我始终想不通，永远想不通。

随着米米的生理状况逐渐好转，精神上的悲伤席卷而来。她需要答案。为什么艾登会死？她的孕期平稳健康，每一项检查结果都打上了钩，做的每一件事都正确——为什么，为什么，为什么？她是一位医生，这让她更加感觉难过：她仔细阅读所有记录，焦虑地等待尸检结果，查阅了很多医学资料。她疑惑：是不是因为自己吃的芝士，或者是因为去美国的那趟飞机？是否因为她在某个不知情的情况下犯下罪过招致了惩罚？不管怎样，得到一个答案能让她重新获得一些控制感。不知缘由的状态让她感觉自己非常无力——她一点也不喜欢这种状态。

目前为止一帆风顺的人生让米米对这次挫败毫无准备。她一直相信，只要你在一件事上足够努力，付出所有时间精力，就一定会得到回报。生活中难免经历些挫折，她还是会重新振作，努力，最终成功克服困难。这样的人生信条让她面对悲伤完全准备不足。

艾登死后十天，亨利开始回去工作。虽然他的公司倡导“关怀员工”的文化，但是他的上司希望他能运作一个大项目，他感到了开工的压力。他看上去十分疲惫，我问他感觉怎样。“我工作的时候一直担心米米，完全没办法集中注意力，记不住事儿……所有的事情都好像毫无意义……每天当我想起发生了什么，当我想起艾登的小脸，就感到很痛苦。”偶尔，如果工作分散了他的注意力，这会是片刻的解脱。

米米谈起她感到自己对艾登在她的身体里死去负有责任。这种事情带来的心理冲击，他人除非亲身经历否则很难理解。她身负一个健康的生命，怀胎九月，怀着喜悦和期冀，通过 B 超看他活动、吮吸手指，听他急促的心跳，在手机上回放他心脏跳动的录音。当她在子宫里孕育生命时她充满了力量感，然后当死产发生时又完全失去了这种力量感。他在她分娩过程中死在她的身体里，她为这个事实和她当时完全的无能为力所折磨。她的理智和情感激烈交战：她在理智上知道她没有做错任何事，但在情感上却不同，她觉得她的身体失败了，而且某种意义上她觉得这是一种惩罚。

我注意到她的眼神经常望向亨利，试图在他眼里寻找愤怒或者责备。但是这两者亨利的眼睛里都没有。我告诉亨利，目睹妻子所遭受的痛苦——当医生们争分夺秒地将米米推去剖宫产时他感受到的恐惧，然后见到他已经死去的儿子的场景——这样的经历带来的创伤一点也不比米米的小。他说：“我一直在回忆一个画面，我在手术室外面等着，并不知道谁会出来——米米还是孩子。医生们一个个跑进去，但我只能站在外面等着，很害怕。这画面比任何其他画面都能让我更快哭出来。我到现在都能体会到那种恐惧。”

我们都觉得我们正在沼泽地里跋涉——整个过程令人精疲力竭，但是我懂得，这感觉越不正常，其实就是越正常的。我发现他们在悲伤中的状态其实反映了他们在日常生活中的状态——敞开心扉，希望与别人建立联系。我可以很容易地走进他们的世界，而且一旦走进去，就会受到他们的欢迎。被允许出现在这么一个极度私密的过程中，我感到非常温暖。

重返工作给亨利带来的疲惫在他和米米之间制造了紧张。虽然亨利对待同事仍然耐心，但是对待米米变得脾气暴躁，说话很不客气。米米因此希望正在工作的亨利能回家来。爱是唯一能让他们的关系稳定下去的东西，但是看起来他们没办法感受到彼此的爱。他们决定去巴黎度周末。离开旧环境让他们重拾了幸福的感觉，给他们注入了新能量，虽然他们都知道在回去的飞机上压力就会再一次席卷而来。尽管这听起来很奇怪，但我和在巴黎某个停车场的他们进行了网络电话沟通，第一次看到他们的笑容真是太好了。

亨利想要散散心，去冒险，一起尝试新事物，就像他们以前一直做的那样。我觉得他害怕如果他们不向前走，就会掉进一个深渊里，再也出不来。但是这样向前走不是米米想要的。她宁愿待在家里，养一只小狗，阅读，用成人涂色书打发时间——她绝不愿意去尝试新的、有危险性的事物。她需要尽可能缩小生活的半径，这样才能应付缠绕周身的恐惧。她说话口齿清晰，很有逻辑；她非常聪明，很有潜力；但是我发现艾登的意外让她的梦想破碎了，每天只想浑浑噩噩度日。幸好亨利很坚韧，仍然有毅力地生活，耐心地接受现状，从没指望过一蹴而就。

几周后，米米感染了病毒，病得很重，花了好几周才康复，身体的病让她的情感创伤雪上加霜。再一次，她似乎无法信任自己的身体，她的身体给她带来不好的体验，让她动摇。这体验与她自身无可避免的对死亡的恐惧和愤怒相互嵌合。米米说："我就像一片拼图，拼在哪里都不对，情感上不对，身体上不对，哪里都不对。我不知道我在社交上的位置，我不知道自己想干什么，也不知道自己对什么感兴趣。在迷茫之上是一种失去感，我感到丧子之痛和绝望，随后完全被哀伤包围。"她这块拼图的归属地应该是有艾登的地方，她本能地在臂弯里为艾登留出一块空间。

向他们分别解释彼此不同的状态是非常必要的。他们因此知道怎样共同努力，这是一段伴侣关系成功的关键。他们在生气时不会来回互相指责，也深谙怎么在吵架后和好。感情的力量将他们绑在一起。我注意到每次令人沮丧的交流结束后，他们总会温柔地打趣对方，就像一束光照了进来。

他们一起聊了艾登。他们没有机会知道艾登会是个怎样的人，会有什么样的个性，会不会长得像他俩中的某一个。他们不会听到他的声音，也只能想象他如果长成一个大一点的宝宝，一个蹒跚学步的幼儿，一个小男孩，会是什么样子。虽然这令人痛苦，但是某种意义上，想象艾登让他们有了将自己复杂的情感投射出去的渠道。

米米连续好几周情绪低落。“我不想吃饭，不想起床，不想穿衣服。是的，我就是感觉特别糟糕，但是至少我冲了澡，整理了头发。”他们的朋友经常会邀请他们出去。从前她总是欣然赴约，但是现在社交对他们来说陌生得可怕。她在不熟悉的环境里会没有安全感，也无法预测当有人提到任何让她想到艾登的话题时，自己会做何反应。米米希望能控制自己的感受，希望有一个开关让她按一下就能感觉好受点。她说 :“我对我自己腻透了，我想马上离自己远远的。”关于悲伤的残酷真相是 : 悲伤完全无法控制。它我行我素，而且停留的时间总是比我们希望的要长。

米米希望了解跟别人比起来她的情况怎么样。大部分人还是会想知道 :“跟别人比起来我是更糟糕，还是好点儿？”他们总是觉得自己比大部分人糟糕，因为痛苦实在太深了。我给她说了一个她觉得很有用的比喻 : 艾登的死就像是一场地震，对震区内每栋大楼的影响不一样，所以大楼的修复对每个人来说也是不一样的，因此她和别人没有可比性。

米米想象了一幅对她来说很有用的图景：她就像一个从零开始的、初创的项目，没有可以依赖的系统基础或数据库。她觉得自己被快速更新为一个新版本的自我，她不知情，不喜欢，也不想要。痛苦不像愤怒或者其他情感一样能从身体里代谢出去，而是她身体里安了家。她开始意识到，她的痛苦的消失需要一个过程，她必须接受这个事实，需要学会允许这个悲伤的、没有安全感的她与那个有野心、有效率、自信的她共存。“那个有野心、有效率、自信的她”受到了打击，暂时沉默，但她需要相信她并没有失去这部分自己。她认为自己现在正处于“地狱的边缘”——这是一个完美的比喻。不在人间，不在天堂或地狱，而在一个无形的无人之境，为了生存下去，她需要找到一条全新的适应之道。

亨利看起来处理得更好一些，但是悲伤同样打击到了他心灵的最深处。有些时候，悲伤甚至会比刚开始时来得更猛烈，因为死亡的感觉更真实了。他在公园里做军队体能训练，生理上的强壮让他感觉到精神上的强壮。有时候为了安慰自己，他会回忆将艾登抱在怀里的感觉：当他感受到艾登的重量压在他身上，触及艾登柔软的皮肤，他的大手握着艾登小小的、冰冷的手指的感觉。他泪水涟涟地说：“我很庆幸当时我轻抚了他的头顶。”艾登真实存在过。他活过。亨利很担心自己会失去这一段记忆，担心自己会在未来的某一天忘记这种感觉。

另外，让亨利觉得很难受的是，他的大多数男性朋友并不能对他失去孩子的痛苦感同身受，他们会问他米米怎么样，理所当然地认为亨利的痛苦程度轻一些。几个非常亲密的朋友偶尔才会发短信来问候，他因此感受到的无声的愤怒让他无法想象如何再维持这些友谊。亨利会跟一位表兄弟还有他的姐夫诉说痛苦，说他看到艾登生下来时就已经死了给他带来的创伤，但是也仅限这两个人而已。“男人可以非常感性，因为自己的球队输了而大哭，我不懂为什么到了真正重要的事情上他们反而理解不了。”

亨利和米米之间出现了疏离感，在一次周末的长途散步中他们对此有了共识。他们聊了很多，最终决定他们要像管理项目那样来完成两人悲伤的过程。他们坐下来给两个人的未来定了一个计划——他们想要什么，怎样达到目的，怎样保持充分沟通。建立这个计划帮助他们变得更加亲密，也给他们之间的信任注入一剂强心针。

双双来见我对于他们共担伤痛至关重要，也可以防止他们不小心跌进那个两人之间业已存在且越来越宽的裂痕里。这种形式让他们能够真的听到对方心里在想什么，因为在第三者在场的情况下，倾听者反而能更客观地倾听。就像其他大多数夫妇一样，他们也各自担心自己的悲观会让对方感到更加不幸。既要敞开心扉建立情感联结，又要避免贴得太近以至于形成依赖共生关系，掌握其间平衡对于夫妻来说是非常有难度的事。总体来说，米米和亨利在这点上做得很棒。有时候，他们也会让对方很惊讶，会听到对方从来没有吐露过的事情，但是他们最终总是意识到他们是在一起的，是一个团队。现在，他们会一起去野营，一起冥想。这无疑是他们治愈自己的基础。

一年过去了，还是有各种事情难以应付。他们都很怀念家庭的感觉，希望能被熟悉的环境、家人和老朋友安抚。何去何从，这让亨利感觉迷茫，他也没有了一贯的斗志昂扬。米米决定自己要采取“假装直至成为”的策略。她逼自己多出门，多上课，多做志愿者活动。承认自己感觉糟糕反而能够让她放松一点：“就像是解开一截系得很紧的绳子。”看起来她就像拨动了一个开关，允许那个自己更喜欢的自我出现。她的“假装”在他们到达和离开时表现得最明显：她会提高声调，用近乎唱歌的欢快语调说话，这让我感觉心烦意乱。但是当我明白她这么做是为了亨利，她希望即使自己不开心，也能让亨利开心，我又能理解她的行为了。他们之间有一个隐形的跷跷板：在状态好的时候，他们能鼓励彼此振作起来，但是在他们状态糟糕的时候，会拉着彼此向下坠。有很多互相对立和冲突的想法随时可能让他们陷入困境：生存和死亡、希望和绝望、有力和无助——这些想法令人不适地围绕在他们身边。只有通过组织语言将它们说出来，他们才能明白自己到底在被往哪个方向拉。

他们感觉自己被困住了。他们之前决定要把艾登的骨灰放进一个骨灰盒，在他去世一周年的纪念日时给他写封信，但是三个月过去了，他们既没定做骨灰盒，也没写信。米米承认她无法向前看，但其实不仅仅是这样。她发现正因为她没有多少关于艾登真实的记忆，所以放开现在仅有的少得可怜的记忆更加困难。她无法放弃：他的衣服、他的摇篮、她的吸乳器，这一切都灌注着艾登的生命。"回忆是我们唯一拥有的东西，我不愿意放弃从前的记忆。"亨利说他们觉得自己像身处一场"大雾"中，我们都认为他们需要采取行动，做一些实际的改变，走出来。他们现在租住的公寓是最容易唤起那些记忆的，但同时那公寓又像是一间没有人住过的公寓——他们从来没在里面挂过一张自己的照片或者做过一点私有化的改变。

我们开始逐渐明白他们现在经历的事情的复杂性。他们需要允许艾登在他们的记忆里"做自己想做的事"，需要尊重悲伤是需要时间来缓解的这一事实，但同时，悲伤的情绪可能会因处理不当而变得复杂，最终发展成抑郁。因为从心理情感来讲，他们的倾向不是遗弃艾登，而是尽可能抓住他。

所以对他们来说做出改变的决定非常困难，因为这让他们感觉自己在“遗忘”他。我们都了解忘记艾登的恐惧是那么强烈，但他们知道自己不可能忘记艾登。他们也意识到自己需要做出决定，做出能够引发改变的决定，让他们在享受当下生活的快乐和拥有过去关于艾登的回忆的两种状态中自由切换。

又过了一周，我听说他们鼓起勇气做了决定，准备朝前看。米米为艾登的遗物订购了漂亮的容器，她会在上面绣上艾登名字的首字母。他们决定搬家，这可能不是最好的选择，因为他们可能在六个月之后回美国去，但这绝对是一个积极的、能让他们拥有一个崭新的环境的选择。最重要的是，在新公寓里，他们可以养一只小狗。从地理上远离痛苦一般来说不会有效，因为痛苦会如影随形。但是这次我感觉不一样，我觉得这更像是一个转折点，这是向着希望的一步，也是他们慢慢重新相信生活的第一步。

在最后一年的交流过程中，我们反复面临一个两难选择，那就是他们该不该尝试再要一个孩子。亨利想要推动这条边界限：生命太短暂了，他只想要“努力争取自己想要的，虽然我并不是不怕再次失败”。另一方面，米米的不安全感很强烈。这个决定太难做了，她只想回避。亨利有的时候也试图回避这个问题：“当我看到人们带着孩子，或是地铁上戴着‘怀孕中’徽章的母亲，我甚至都不能看向他们所在的方向，那太痛苦了。”米米发现自己总是会闲逛进婴儿服饰店，在货架间逡巡,然后感到一阵害怕,跑出店外。她感到自己“会被怀孕的女人异常地激怒”。他们都为自己穿上“铠甲”，害怕去想象再拥有一个孩子，但是我们都知道，再生一个孩子也是他们目前最想要的。

像是个悖论，“不给自己那么多压力去做决定”的策略真的起效了。最后，他们还是决定再试一次。做这个决定当然不简单，也伴随着痛苦。再试一次令人恐惧，走进拥有一个孩子的梦想的大门同样也意味着孩子可能会死去，他们将会没有后代。只要你有过一次孩子死去的经历，你就永远无法排除它未来发生的可能性。

现在进入了等待的游戏。整一个月的希望被米米生理周期的到来打破。我热切希望他们不需要等待太久。

我们的面谈继续着。

菲尔与安妮特

Phil and Annette

我清楚地记得接到那条急讯时我站在哪里，急讯的内容是要给我一个要好的朋友打电话。我的朋友很担心：他最好的朋友的四岁女儿安布尔刚刚溺死在游泳池里。我打给了女孩的父亲，菲尔，他在去太平间看安布尔的路上。

他的车里有他的妻子安妮特，一个四十五岁的法国舞美设计师，还有他们的另两个孩子，碧翠斯和亨利，分别是七岁和十岁。这是一个坏信号，他告诉我他们要去哪里时声音哽咽。让我印象深刻的是，他们本能地想带着他们其他的孩子去看她，似乎知道让他们参与进来是正确的。他们需要看到安布尔的遗体，才能真的相信她已经死了。

像第一次着手这种谈话的任何人一样，我希望有一句话能神奇地让一切变得更好，但是没有。所以我只能说："非常难过地听说您的女儿安布尔去世了，我非常遗憾这样的灾难发生在您身上。我能帮您做点儿什么吗？"他们都说他们需要心理指导，我们约了晚些时候交谈。

当我们再次交谈的时候，我很是忧虑，因为我需要找到一种方式来跟他们谈及其他人甚至不会考虑的事情。我告诉他们留些时间来安排葬礼是很重要的，这可能是他们为安布尔安排的最后一件事了。如果他们有时间，他们可以考虑他们想要什么，做出决定并有时间改变主意，这样可以保证他们以后不会遗憾。他们需要仔细考虑如何更好地让碧翠斯和亨利参与。安布尔应该穿什么衣服，他们希望在棺材里放些什么——她的哥哥姐姐的信、他们的信、她的泰迪熊等等——都是他们需要花足够的时间来讨论的事情。

当我跟他们交谈时，我开始研究他们的情况。菲尔更外向感性。他放声大哭，每当说到安布尔的名字他的全身似乎都在沉重地抽泣。安妮特在悲伤中更为克制：尽管她肯定处在极度的痛苦中，但她的悲伤来得更深（不像菲尔的会爆发出来），这在我看来是她的自然而然的表现——她的举动并不是出于被迫或无动于衷。安妮特的首要任务是确保她的其他孩子安好，想要保持积极并"支撑下去"。我很讶异，他们的本能应对机制似乎与一般情况是相反的，通常的情况是：男人专注于恢复正常生活，而女人更可能大放悲声，将精力放在丧亲这件事上，在伴侣推动生活的过程中对他感到愤怒。

葬礼之后，我们约了网络电话会谈，因为他们住在巴黎。安妮特非常漂亮，有一双闪亮的棕色眼睛、黑发和巴黎人与生俱来的优雅，那份优雅我们英国人永远无法企及。菲尔面庞和善，有着悲伤的棕色眼睛、浓密的黑发、结实健康的身材，他诠释了“为速度而生的灵缇犬”形象，看起来就像每天要跑几千米来燃烧身体的疼痛。他是一名教师，我可以想象，他能安静沉默吸引全班的注意，也能生机勃勃激起他们的好奇心。

菲尔和安妮特罹患创伤后应激障碍，这导致了尖锐的侵入性记忆，闪回和脑中反复重现安布尔的溺水。理解创伤性死亡的一种方法是把它想象成是“声量被调到最大的悲伤”。他们似乎在用身体承受着创伤，尽管和我在一起时，我已经能够更好地控制这一点。在讨论了虚拟咨询怎样运作之后，我们转向了创伤的主题。我解释说，如果他们不能将悲痛付诸语言就无法处理悲痛。解决创伤有不同的途径，但我认为它们就像垃圾桶里的许多小碎纸片：我们的治疗工作是仔细检查每一张纸片，把感觉和事实拼凑起来，以构建一个清晰完整的故事。一遍遍重复串联有关事件的细节，使创伤能够从“斗争 / 逃避 / 冻结”的大脑部分剥离转移到理性的、思考的部分,在那里它可以和我们所有的“正常”记忆一起储存。

这是一项艰苦的工作，只能一步一步地完成，他们学会了如何通过放慢速度和呼吸来调整他们的系统，与他们的身体协作。当他们能更完整地讲话时，他们告诉了我他们的悲惨故事。

他们和另一个家庭在西班牙度假。那是快乐的一天将要结束的时候，所有人都在泳池四周——四个大人和六个孩子，他们正在整理夏天常用的东西，毛巾、泳衣、水桶和小铲，边忙碌边聊天。他们没有注意到安布尔悄悄走进了泳池，她通常坐在池边的台阶上，也许这次是滑倒了或步子迈得太大。溺水的过程快得可怕，静得吓人，当他们注意到的时候，她头朝下漂浮在泳池中，当安妮特尖叫，菲尔跳进去救她时，他们都被吓坏了。他绝望地试图救醒她，而安妮特则打电话叫救护车。因为他们在一座山上的别墅里，救护人员花了二十分钟才赶到。太迟了：丧失意识只要两分钟，死亡是四至八分钟。

他们创伤的核心触发点是看到安布尔漂浮在水上，把她从水里拉上来，试图救醒她而失败，然后把她的尸体送上救护车。他们每次想到这些图像，就像有一声被压抑的尖叫在他们的身体里迸发。我会和他们一起做呼吸练习，让他们平静下来，之后我的身体会长时间地感觉到紧张。

一个孩子踏入泳池，却得到如此毁灭性的悲惨下场，世事怎能荒谬至此？生活的残酷充满随机性。这是个错误，完全是个错误，而且很容易发生在我们任何一个人身上。这个人当然可以是我，我记得当看到我们两岁的儿子径直蹒跚走向池塘时我的尖叫，在我不知道的情况下，他跑出了一道门。再迟几分钟他的命运可能就完全不一样了。任何解释对我将不会再有意义。

早些时候，菲尔和安妮特做了一个非常明智的决定，尽管极为内疚，但他们不会让内疚吞没他们。他们坚信他们能维持还好的状态要归功于亨利和碧翠斯，因为他们需要确保孩子有快乐的时光。菲尔表达了他内心的冲突："当我感觉良好的时候我会内疚，当我难过的时候我觉得像是在向她表达对她的思念，尽管不快乐的痛苦让一切变得暗淡。我在摸索着寻找出路。"安妮特一直很忙，像是积极地想让大家都向前看。她显然跟菲尔一样深深地悲伤，但她不习惯于多说什么。她说："我只能继续做事情，我一天到晚都会想她，这很沉重，我已经哭干了眼泪，很累。"

他们的悲伤无时不在深处涌动，尽管表面上他们仍然可以拥有美好的时光。他们永远不会看到十年后的安布尔会变成什么样子，明白这一点令他们感到无望。菲尔觉得他和时间的关系改变了：他的生活被简单地分为安布尔生前和死后。对他来说，未来不再真实存在，任何曾经有过的线性时间的感觉都消失了。

对菲尔来说，问题不是他能否忍受悲伤，而是他如何忍受悲伤。他知道，于外他可以强颜欢笑，但于内却“依然如故，因为依然感到极度悲伤。在我的许多切面中，所有那些切面都受到了这件事的影响，它变成了一个血腥大洞。在一些时刻，这个洞并不是一切的中心，但当我意识到‘那是另一件不能和安布尔一起做的事情’时，它就又出现了。忍受悲伤主要与耐力有关，有点像用一条腿攀登珠穆朗玛峰——艰难得要命。”他说话时，我意识到他是如此强大，能忍受这样的痛苦。我不想低估他的痛苦，但注意到他的力量作为一种保护性因素所发挥的作用是很重要的。

安妮特离职了。她很难再坚持工作，用她的话来说就是现在感觉那些工作上的事情“没什么意义”。尽管她知道将来还是要找工作赚钱，但目前她只关注她的家庭。她把所有的创造才华都放在家人身上：去那些有趣的地方，和孩子们一起画画，和他们一起做饭——在他们的记忆中编织新的快乐经历。这并没有钝化她巨大的丧失感；相反，是她的丧失感形成了她向前看的决心。由于创伤，菲尔在第一个学期无法回到学校。他的记性变差了，影响了他保持孩子注意力集中的能力。看着周围的孩子活蹦乱跳，而安布尔却被夺去生命，他难以忍受这痛苦。第二学期，他上了几堂课，又过了一段时间，他恢复了全职。

我对他们的伴侣关系很感兴趣，想了解他们是如何相处的。他们的关系中有一种轻松，我意识到，那其实是一种深深的信任。他们敢于充分相爱，无所隐瞒。他们的关系看起来并不复杂，有时会产生争论，但情感并不纠缠，他们可以在一场争斗后和解却不会让自己深陷怨恨。安妮特比菲尔话少得多，但他们之间仍然令人感到和谐。某种意义上，他是代表他们两个人讲话。当我们讨论他们在悲伤中有何不同时，菲尔实事求是地总结道："悲伤是我们必须自己去面对的，这很孤独。我们都分担着家庭的悲伤，但是我作为个体感觉到的悲伤并非同时发生在他们身上，也跟其他任何人的不一样。我们每个人之间有不同的联结，我们每个人对同样的事情在不同时间可能有不同强度的感受，但到最后你还是必须自己去面对它。"我为他的精准性和深刻思想由衷地微笑，如果每个人都能如此清醒地理解这点该有多好。

我会倾听并帮助他们认清他们的感受，同时支持他们努力保持身体系统平衡——创伤记忆会使他们立即投入高度警觉状态，仿佛他们身处险境。我能够感觉他们的痛苦之深，并一直记着菲尔说的一句话："寂静之声震耳欲聋。"虽然这经历对他来说很不公平，我因看到一个人可以如此容易地表达他的悲伤而深受触动，我也知道了他承受痛苦的能力终将帮助他痊愈。我的理解是，菲尔和安妮特都是得到了爱的孩子：尽管他们经历过一些艰难的事，比如他们双方的父母都离婚了，但这些事都不足以让他们中的谁产生问题。他们在成长过程中得到的安全感和可预期的爱的力量为他们打下了坚实的基础，使他们能够经得起安布尔死亡的灼伤。

每次谈话，我们都会花时间讨论亨利和碧翠斯，他们当时与一位学校的咨询顾问一起应对心理创伤。有些时候他们会嘟囔着什么，很快乐，而有些时候，悲伤会爆发出来。碧翠斯会走进安布尔的房间，坐在她的床上，闻着她的衣服，愤怒地哭叫："我要安布尔。"碧翠斯思念她的玩伴，她的妹妹，极其思念。她会抱着安布尔的泰迪熊睡觉，眯起眼睛，仿佛能从心里看到安布尔。有时，她会把泰迪熊的头放在自己心脏的位置，好像安布尔就在那里，她对安布尔低语，讲自己的故事和自己的新鲜事。碧翠斯在碎纸片上写下小的记忆片段，画的画散落在房间各处，她有时会在从安布尔的葬礼上拿回来的纪念册上写下"你好"，现在纪念册摆在他们的起居室里。亨利用安布尔的毯子把自己的泰迪熊包起来，跟它一起睡，睡之前与之絮语。

随着夏天临近，孩子们是否还要去游泳的问题需要确定。

菲尔不想显得太刻意，于是在全家喝茶的时候提出了这个问题，问他们觉得去泳池怎么样。碧翠斯和亨利表现出令人惊讶地理性，他们说想去并说这根本不会吓着他们。而对于菲尔和安妮特，这是个不同的故事：他们无法忽视孩子可能遭遇生命危险这件事，他们几乎没有信心保证孩子的安全。他们需要很长一段时间才能再次获得安全感。

菲尔和安妮特开始和亲密的朋友一起出去，跟他们在一起会觉得很舒服。一开始，离开家的感觉很可怕，但渐渐地他们就能做得更多。走出家庭的保护意味着他们无法应付的既可能是诸如停车之类的小事，又可能是回答别人问题这样的大事。要应对那些对安布尔的意外不知情的人，这很麻烦，对方会用轻松随意的口吻问："家里都好吧？"安妮特说："我在超市碰到了一个我不太认识的人，她这样问我。我知道她并没有想听我的回答，只是想要一个微笑或者一句'都好'。我心感抱歉，知道我要说的话会像是朝她扔下的一颗炸弹——重磅炸弹。她听后非常难过。"

陌生人问他们的最糟糕的问题是："你们有几个孩子？"他们不会希望答案是"我们有三个，死了一个"。对菲尔和安妮特来说，他们需要从可能的回答中差中选优。他们可以说两个孩子来否认安布尔的存在吗？如果说三个孩子而不说"死了"算不真实吗？如果真的说了"死了"，他们能应付别人的震惊所产生的余波吗？这样的余波能让人筋疲力尽。人们曾告诉我，那些经历过失子的人说“没关系，别担心”是一桩多么艰难的事。我们一致认为，他们不应该给自己定规矩：问题的答案将取决于他们当时的感受，他们在哪里，谁问了这个问题。

安妮特在我们的一次谈话中说道：“我发现了菲尔在安布尔死后给她拍的照片，他把它们放在一个特别的地方，我决定要看看。她看起来比我记忆中更像是死了，她看起来完全是死了……啊……我发现这太难了，简直是难以置信的难过。我今早五点醒来，无法重新入睡，这时我想象她走到门前，这个小家伙发出叫喊，用力打开门，跳上床，从我们身上爬过……我太想她了……我这周穿了一件很久没穿的外套，在里面发现了她捡的一个百乐宝玩具，它曾经在她的手里，而且我记得她递给了我……”我能和安妮特一样感觉到，那个百乐宝玩具好像能让她停留在时光中，就好像安布尔一直在安妮特的口袋里——然而并不在。

我结束了谈话，直接问他们从我这里获得了什么，而我了解到我是令他们在表达糟糕感受时无须掩饰真实感受的表达对象，是他们可以与之一再探索同一个问题的人。而且，我从一开始就跟他们在一起，这代表了某种重要的意义，因为我见证了他们如何蜕变，直到可以重新信任他们自己。

表面上看，亨利以一种机械的方式接受了安布尔的死，说：“我对此无能为力。”他和朋友们在学校里愉快正常地生活。但这并不能完整描述他的状态：安布尔依然和他在一起，他也强烈地钟情于她。有一天，一个朋友的父亲说：“你们家有两个孩子。”他怒气冲冲、热泪盈眶地说：“不！我们有三个。”当他们一家讨论怎样给安布尔过生日时，他主意最多：要有一个带蜡烛的蛋糕，要用灯笼将一封信送上天空给她。我觉得这是多么的不公平，孩子们不得不面对这些他们幼小时无法回答的死亡问题——尽管他们本能地在做正确的事情帮助自己。

有一天菲尔跟安布尔的教父在一起，他第一次看到了安布尔在花园椅子上的一张照片。椅子还在那里，但她不在了，他不停地寻找她。菲尔不知道该相信什么：他不愿意去想死后是万事皆空，可也没有感觉到她就在身边，或者和她的持续的联结。人们不断地对他说“你会永远记着她”，但是他说：“我发现那是虚假和没有灵魂的。关于记忆，你意识到自己所拥有的少得可怜，也很有局限性。如果我依靠照片而不是记忆，那就更贫乏了。然后是关于事故的记忆：我必须把它们隔离开来，但并不是总能做到。我喜欢想她，但总是终止在一个念头上：她不在了。”他感到她从他的指缝间溜走了。我告诉他们，关于记忆，费劲搜寻可能收效甚微，就像拼命去想一个题目或名字，但是如果他们停止这种较劲，碎片可能会组合成充满清晰丰富记忆的完整图像。

安妮特没有同样地持续寻找安布尔的意识，因为她在回忆她最近的许多记忆时毫不费力。她说："我记得我梳过她的头发，还记得她头发的味道。我能看见安布尔从体育场跑来，猛然打开门，活着……我真希望我把那一天记录了下来，她没完没了地讲笑话逗另外那两个孩子，为自己的笑话开怀大笑，扮鬼脸……她是个用全身说话的孩子——当我从背后看她的时候，我也能知道她什么时候是在笑。"回忆是她的一种疗愈方式，能让她有所改善。人们越来越少提到安布尔的名字，她越来越少有机会回忆起她。这迫使她用保持忙碌、不断做事来应对。

安妮特最确定无疑的"进展"是：安布尔死后九个月，安妮特怀孕了。当他们告诉我这个消息时，他们都含泪而笑。这绝非出于取代安布尔的意图。朋友们对她的简单的看法激怒了她，他们以为她现在怀孕就"一切都好了"。怀抱希望和对安布尔的事感到悲伤，这是两个相互平行的过程，一个并没有抵消另一个。安妮特有过三次成功的怀孕经历，她对这一次的成功也很乐观。在他们最暗淡的日子里，它带给他们最光明的期待。

安布尔的一周年忌日就要到了。忌日是一个时间标志，它带来的压力令人紧张，忌日前的那几天很艰难，尤其对菲尔来说，他夜不成寐。随着那天的临近，他的压力水平上升了，仿佛重新体验了所发生的可怕的一切。忌日是在复活节假期，他们决定和祖父母们待上几天，这就要求他们从法国到英国。孩子们想和所有的家人在一起——姑姑、叔叔、表亲等等。他们本能地知道，爱是面对失去的最好的镇痛剂，向爱敞开怀抱可以帮助他们承受悲伤。他们想去安布尔出生时为她种的树下，那儿也留下了她的一部分骨灰，这样他们会觉得离她近一点。菲尔也觉得在那里离安布尔更近。在我们的谈话快要结束的时候，他头向后仰，闭上眼睛，对着天花板说："如果我能到达天堂，而且能说上那么几句话，那我说的话会是关于爱，会是问她是否平安快乐，以及说出我有多想念她。"

菲尔担心，作为一个家庭，他们对安布尔的谈论不够多，尽管他想更多地谈及安布尔，但家庭里的其他人却没有。他觉得，作为父母，他们应该为孩子们提供一个怎样表达悲伤的榜样。他不断讨论着这样一种两难：一方面是活下去、活在当下，另一方面是仍然牢记安布尔并承受痛苦。他对她的思念似乎无穷无尽，他希望谈论她能保持她在精神上活着，并给他们所有人更好的调适机会。我想他是对的。

安妮特要把安布尔在学校的朋友们对她的回忆的讲述拍成电影，这消息让菲尔惊讶和感动。而且，接下来的一周，他们还将会在孩子学校的操场上为一张绕树的马赛克长凳，那个活动是其他一些家长组织的。马赛克图案是亨利、碧翠斯和安布尔最好的朋友们画的。菲尔给了安妮特一个紧紧的充满爱意的拥抱。

几个月之后，我们意识到我们在治疗的过程中已经做了足够多的事情。他们找到了自己的生活方式而不会忽视安布尔。对我们所有人来说，这是一个苦乐参半的结局：积极的一面是，他们不再需要我的支持；但悲伤的是，我们现在要说再见了。这是一段以安布尔为中心的非常亲密的关系。

布鲁与罗伯特

Pru and Robert

我收到布鲁语气绝望的短信，她说她需要见我。在知道自己日程已满所以无法帮助她的情况下，这样的短信真的令人很为难。我尽我的全力照顾着她的心情，向她道歉并告诉她暂时没有空余的排期。她问能不能至少在电话里交流一下，我同意了。如果我决意坚持拒绝她的请求，我不应该同意通电话的。然而，这是一个需要自主判断的决定：一方面有人情味并跟随自己的心意来回应是比较好的；另一方面通过打电话来建立一段关系而后续又无法维持的话，我其实是会给对方带来伤害的。

在电话里，我听到布鲁有着上流社会的英式口音，语速很快，我能听到她发出的每一个词都带着尖锐的疼痛。她二十九岁的女儿，艾丽西亚，因为嗑药过量而昏迷，当时正在接受重症监护。因为她对女儿的状况实在太无力了，我情不自禁同意了她见面的要求。但是我告诉她除非以后空出了一个规律的见面时间段，排期将会是很不稳定的。另外，我询问她女儿的父亲是否也参与进来。她告诉我是的，她的丈夫叫作罗伯特。我建议他俩一起过来。

第二天晚上，我为了和他们见面加了班。他们在上楼时都一言不发，这很不寻常。通常来说，夫妻会一边聊天，一边慢慢走上来。他们人还没到我面前，我先感受到了他们之间的紧张气氛。我先看到了罗伯特，他很高，仪表堂堂，面色红润，虽然他很明显曾经拥有一头金发，但现在渐渐发灰变秃。他刚过七十的样子，看起来有些冷酷，不搭调地穿了一双破破烂烂的运动鞋。布鲁看起来瘦小，柔顺光滑的栗色头发在脑后紧紧扎成一个马尾辫，穿了一件整洁的深蓝色裤子和一件亮粉色的上衣。在试着跟我微笑问好时，她的褐色眼睛带着恐惧上下打量着我。

布鲁说话的时候，罗伯特看起来在发呆。他会盯着地毯，就像这个故事与他无关。有时候他会向上看，但是看起来他不是故意向上看或者为了引起我的注意，而只是想把头换个方向。

我了解到，三周前某天的凌晨四点，他们接到了艾丽西亚的朋友打来的电话。他告诉他们艾丽西亚服用了一些混合毒品和酒精，刚开始看起来身体有点僵硬，但还好，后来却倒下了。他们也不知道她昏迷了多久，但发现时立即叫了救护车。布鲁和罗伯特匆忙赶去医院。医生告诉他们艾丽西亚中风了，他们成功让她复苏了，但是最后的结果要取决于她未来几天的状况。

几天变成了几周。艾丽西亚昏睡着，父母和哥哥皮尔斯一直守在她床边，轮流值着夜班，盲目地盯着监视器，盼望着医生会给他们带来好消息，坚信着只要他们心存希望，结果就会好一点。情况就像过山车一样，有一些时候监视器会提示她的状况好一点了，医生也会认为情况没那么严峻了；但也有一些时候，情况急转直下。一开始，医生并不知道结果会怎么样，也尝试了好几种医疗手段，但是看起来没有一种奏效。我现在理解了为什么他俩看起来都像行尸走肉：重症监护室就像一个过渡区，现实世界的正常生活在那里逐渐衰退。布鲁和罗伯特精疲力竭，充满了对未知的恐惧，希望在逐渐消失，他们感到深深的无助。布鲁之所以会那么绝望地打电话给我，是因为他们上次和医生的谈话令人沮丧。布鲁现在最害怕的事情就是艾丽西亚随时可能离开。

我问罗伯特，他对艾丽西亚的情况怎么看。他一边看着我，一边带着法国口音轻声说："没什么好看的了，我女儿要死了。"他如司法鉴定般描述了他看到的艾丽西亚的样子和他的感受：她皮肤苍白；看到她在氧气面罩里呼吸时他脑中一片混乱；她痉挛发作时全身抽搐；她情况危急时，他看着医生和护士竭力抢救她。听起来他非常不信任医院，他仔细观察每一位工作人员，确保他们没有犯错。我感到自己希望从他字里行间的威胁性中逃离，从他所描述的看着女儿一点点死去的可怕画面中逃离，从他的痛苦中逃离。我提醒自己深呼吸，保持情绪的稳定。

我问布鲁他们希望从和我的交谈中获得什么。她说他们需要指引，这是一个他们浑然不知的世界，她的自信被一扫而空。在处理他们最大的恐惧这个问题上，我试探性地提到了艾丽西亚的死亡。我承认目前我们并不知道艾丽西亚会不会死，我也希望她能够恢复过来。但是我希望和他们讨论如果她真的死了，什么能够支持他们。我们首要的目标是他们不会在那之后备受悔恨的反复折磨。

我认为他们现在需要和主治医师建立良好的信任关系。他们需要给自己时间来讨论和审视对艾丽西亚的照顾的细枝末节。他们需要进行"专家对专家"的谈话：他们是最了解他们自己、他们的家庭、他们的信仰的专家，主治医生是医学上的专家。他们有两个选择：放弃积极治疗，这意味着艾丽西亚会死去；或者继续治疗，但是会给艾丽西亚留下一系列严重的脑损伤。在目前严峻的状况下，他们需要一起研究这件事，直到了解他们掌握的所有信息，并能够做出可能做出的最佳决定。这不是个非黑即白的选择，不管做出怎样的决定，他们都需要承担巨大的不确定性和损失。罗伯特说他可以代表他们俩说这句话："艾丽西亚不会想作为植物人生活。"他的话音落下，面谈室里有片刻沉默。他们的决定令人震惊，甚至有些残忍，但是至少他们开始发声了，他们开始面对最难面对的现实了。如果他们必须在艾丽西亚带着严重的脑损伤活着和她的死亡之间选择一个，他们知道该选什么了。而且重要的是，他们达成了一致。我建议他们同时考虑皮尔斯的想法，他俩都点了头。

我还想讨论一些现实层面的问题，但他们看起来精疲力竭，现在不是增加信息量的时候。在沉默中，我能感受到他们正在消化他们刚才共同的决定。我明白那有多难，多么令人无法接受。我提出带他们做一个呼吸训练来帮助他们。布鲁点了点头，但是罗伯特身体发僵。在布鲁进行呼吸练习时，我可以看到泪水从她的体内爆发，她试图将它们憋回去，我建议她释放它们。她的身体颤抖着，房间里充满了她最本能的悲伤的喊叫声，同时迸发出来的还有她努力掩盖的巨大的痛苦。罗伯特抓住了她的手，眼里噙着泪。我坐在他们身边，感到自己稍微平静了一点。

我们一致决定他们需要再来，但是我们没有约定时间，因为他们不知道接下来会发生什么。接下来的几天我一直等待他们的消息，情不自禁地持续关心着艾丽西亚的状况。但是他们一直没有找我。直到三周后，布鲁发短信告诉我，艾丽西亚走了。她没有告诉我这是什么时候的事情。我表示对此非常遗憾并提出可以给他们提供帮助，但她并没有回复我。九个月的时间里，她杳无音信。那时候我设想了很多他们没有回来找我的原因：我的无能为力、罗伯特的抗拒，或者就像我的督导说的那样，更可能的是，他们正在恢复的过程中，出于某种原因无须我参与其中，而与我本人无关。

等到布鲁再次联系我时，我已经几乎不再去想他们的事情了。布鲁说他们还是没能很好地走出来，希望能尽快见我。他们到达的时候，我震惊于这段时间来他俩消瘦的程度。罗伯特形销骨立，他高大的身躯因为悲伤蜷缩起来，他弯着腰坐在椅子上，几乎不说话。布鲁向我讲述了前面几个月他们经历的一系列折磨，在讲到尤其是这个冬天他们过得有多糟糕时，她甚至颤抖起来。“我真是没有一刻不难过，我只是身体在呼吸，但我不是真正活着，甚至一步也迈不出。我们根本不出门，有时候我觉得连一小时都撑不下去了。”

我了解到他们在艾丽西亚去世之前的那段日子有多难

熬。布鲁说："他们告诉我最终结果显示艾丽西亚再也没有任何大脑活动，然后我们和医生坐在一个小屋子里，需要做出决定：是否拿掉她的呼吸机。在无法得知她的个人意愿的情况下，我们甚至需要决定是否捐献她的器官。同时，我们也在思考她会希望自己被火葬还是土葬。那几天真是噩梦。"然后就是艾丽西亚灾难般的葬礼，和关于验尸报告的漫长等待。布鲁让我感觉我们短短的见面不够承载她需要的倾诉和汹涌的感情。但同时，罗伯特看起来像被掏空了一样，一言不发。当布鲁开始讲述艾丽西亚完整的故事时，我明白了事情为什么会变成这样。他们的悲伤非常复杂，夹杂着从艾丽西亚去世前十三年就开始堆积起来的情感上的缺失。

布鲁回忆了她初次觉得艾丽西亚出现问题的时候："那时候我们刚买了一只小狗。她身体后仰时我看着她的胳膊，觉得她太瘦了，担心她得了厌食症。她很快变得极瘦，然后进入了一个巨大的恶性循环。"

接下来的几次面谈中，我了解到了这恶性循环有多么失控和令人害怕。艾丽西亚因为大学入学考试课程压力很大，越来越瘦。她吸食大麻，也因此开始接触其他毒品。布鲁说："我建议她晚点再上大学，先去意大利玩一圈，放松一下。但是她非常确定她不想要间隔年。她非常上进，想继续，想做接下来该做的事情。那时候她非常自信……第一年虽然有点曲折，但她坚持下来了。我去看她时她会赶我离开。那时候她喝酒，吸大麻，没日没夜地听音乐。但是第二年爷爷去世了，那件事刺激了她。这是一切事情走向糟糕方向的导火索。”艾丽西亚度过了六年饱受折磨的时光，心理和精神上出现了问题。

“她每次回家都匆匆溜走。有些时候显得像个精神病人，她会把药藏起来，她被隔离了两次，不断地出入诊所，甚至警局。事情变得越来越恐怖。我们不知道该做什么，而且医生因为要保护她作为成年人的隐私权而无法告知我们病情。但这很可笑，她的行为根本不像个成人，而我们这些能够帮助她的人却无法得到任何关于她的情况的信息，也不知道该怎么帮她。我们觉得作为她的家人，我们明明是最关心她的身心健康的人，却被排斥在外，甚至被看作有负面的影响，这让我们更加无力。她当时有一个可怕的毒贩男朋友。我们真的非常绝望，现在回想起来我发现我们当时十分无知。我们完全不知道“臭鼬”大麻（skunk，一种更高强度的大麻）会导致精神错乱，她随着音乐进入癫狂状态，变得非常有攻击性，十分疯狂，对我们暴怒，最后和我们所有人断绝了来往。没有人放弃她，但她放弃了我们：她的朋友、表兄弟姐妹、她哥哥，以及我们俩。”

当她把这些令人难以接受的故事告诉我时，我紧咬着牙关。折磨，是我唯一能想到的词。作为父母，看着你深爱的孩子，从轻微的毒瘾一步一步发展到精神疾病，再到完全疏远，这个过程是令人无法想象的折磨。同时，他们对于“臭鼬”，以及现在的“香料”（spice，一种更强力的人造大麻）等会导致精神疾病这种可怕后果的无知也让我感受到些许愤怒。

很重要的是我不能沉浸在悲伤里，所以我开始以治疗师的视角回应他们。我意识到他们同时经历着两个过程。一个是在艾丽西亚生前，因为她的饮食失调、毒瘾和后来的精神疾病导致的疏远所带来的“生前的丧失”这一残忍而令人心碎的过程；同时，他们经历着在如此恶劣的情况下接受艾丽西亚已经死去的事实的过程，这加剧了他们的伤痛。当他们告诉我多希望自己之前能多了解一点艾丽西亚的信息时，就好像他们在心里一遍又一遍地走这一条令人精疲力竭的悲伤之路。他们一直在思考如果之前他们在哪个转折点做出什么样的决定能够创造不一样的结果，但他们始终想不出那时候到底该怎么做。这让我觉得这一切像一片泥泞沼泽，我告诉他们我知道这一切有多么复杂。一方面，作为父母，他们会觉得自己对她负有全部的责任，他们认为自己应该知道一切，也应该知道该怎么帮助她。但另一方面，他们认识到艾丽西亚的人生是她自己的，她是一个拥有独立人格的成人，被身处的环境和经历的事情所影响，最终导致了悲剧。

他们的儿子皮尔斯经常出现在他们的谈话中。他们希望皮尔斯不要受到艾丽西亚的影响，但是知道他一定会被无可避免地受影响。我可以听出他们与儿子彼此深爱。皮尔斯是他们希望的灯塔。因为艾丽西亚的存在，他们觉得自己是一对失败的父母，但他们感恩皮尔斯让他们付出了他们想要付出的爱。“他是个好孩子，我为他骄傲。上帝对我真好，让我拥有他这样的儿子。”皮尔斯与他们定期联系，生活一直都在正轨上。他成功地从大学毕业，现在在优秀的企业里工作，甚至拥有幸福的感情生活。

这让我开始疑惑，艾丽西亚的童年和青少年时期是什么样的。布鲁用比平常明朗的声音插进话来，充满骄傲和爱，我能看见尽管经历了这么多年的疏离，但对布鲁来说，艾丽西亚仍然活在她的心中。“她是个很可爱的小孩，很快乐，淘气，漂亮。我的孩子们都很淘气，她特别好动，画画很好，也很聪明，十分可爱。她很喜欢冒险，我记得她两岁时一股脑冲进了苏格兰结冰的海里，完全不害怕。她喜欢尝试新事物，有时候甚至不计代价。她有很多好朋友。”

但是悲伤再次袭来时她眼里明亮的光很快黯淡下去。她回忆道：“她本该是剖腹产的，我认为这就是她的问题的根源所在。她当时有九斤左右，太大了。所以她在出生的过程中身体就受到了损害。她当时情况很糟糕，吸入了很多东西，哭得很大声，那对她来说完全没好处。”

我想到以前也有好几位妈妈很多次向我这样说过，我们对于出生过程对孩子的影响了解得实在太少了。这时候罗伯特抬起头，很显然他不同意这个归因。然后他开始说话，他的眼里饱含着几十年来的伤痛：“我们爱着的艾丽西亚在染上毒瘾那一刻就死去了。那件事仿佛撕碎了我们。我一直盼望着她能振作起来，但是最后一点点希望也因为她的死亡而破灭了。”

我觉得他们刚刚的交流似乎反映了他们关系的动态平衡：布鲁怀抱更多希望，而罗伯特更加现实。他们终于第一次对望了一眼，我看到了他们之间升起温暖的火花，意识到他们的关系没有受到影响。只是艾丽西亚的死带来的冲击从内在“撕碎”了他们，让他们表面看起来没有太多联结。布鲁重新回到我的问题，说：“我们的关系起起伏伏。我曾经像一个橡皮球，横冲直撞。但这件事永远地改变了我。罗伯特现在是我的安全港，我也是他的。”罗伯特接下话来：“我曾经有一段时间感觉自己失去了布鲁，现在仍然有时候感觉自己不能理解她。我不善言辞，一直以来沉默寡言。但现在彼此的关系还不错。”根据过去的经验我知道，对于男性来说，当他们觉得自己失去了妻子的时候会有多可怕。他们会希望从肢体接触上重新建立联系，但是妻子往往不希望。我觉得罗伯特肯定也经历了这些，不过现在不是谈这些的时候，我决定晚点再聊这个话题。

我需要先了解罗伯特的经历。我了解到，他的妈妈是法国人，他的童年是在法国度过的，而他那身为英国人的父亲在他六岁时就把他送去了寄宿学校。这在那时很平常，但现在想想都觉得对小孩过于野蛮粗暴。这意味着，他为了避免被抛弃的感觉，封闭了自己的感情。但是他和感情这样充沛的布鲁结了婚，就像是他需要被布鲁点燃，烧毁这么多年来他筑起的城墙。他们刚开始相爱的时候这个机制运行得很好。在这么多年养育孩子的过程中，虽然第一年他试图在对待艾丽西亚病情这件事上表现积极，但是过程十分辛苦。在危机面前，他看起来刀枪不入，但其实默默承受着巨大的痛苦。不仅如此，他的行为也反映了他对这个家的爱和付出：在艾丽西亚情况恶化的时候，他立即辞了职。他认为现在他的工作应该是陪伴家庭。

几个星期后，当他们气愤地来到我这里，背对着对方坐下时，我知道是时候解决布鲁和罗伯特之间的问题了。我很想知道他们之间发生了什么。每次都是布鲁说话：“罗伯特脾气太差了。一天到晚冲我吼，不管什么都是我的错：狗、乱糟糟的冰箱、没油的汽车。我不擅长吵架，但是我需要吼回去，否则他就会一直继续。”我请她直接与罗伯特对话，建议她以“在你……的时候我的感受是……我希望你能……”这样的句式开始对话。布鲁拒绝了我，罗伯特嗤之以鼻。我的“咨询”调停倒使得他们对我同仇敌忾了。我意识到了自己没帮上忙，他们都笑起来，为惹人厌的那个人成了我而乐了。我改变了行动方针，鼓起勇气问罗伯特发生了什么。以前我避免这样做，因为他总是摆出一副“我不说话，别问我”的姿态。但是这次他愿意说：“她一直在问我相同的问题：这是真实的么？艾丽西亚去哪儿了？我们做错了什么？我不知道该说什么。她希望我陪她谈这件事，我做不到。无法同时处理她的悲痛和我的悲痛。”

布鲁气消了一些，哽咽地说：“我一直觉得这是一个可怕的错误……一个可怕的畸形的死亡。我试图为自己理清思绪。”倾听彼此的感受帮助他们认清了他们正在经历的确实是悲伤。它不是简单地被打上了“悲伤”的标签，而是混合了极度的愧疚、无法回答的问题、愤怒、疏离和孤独，这些情绪总是会掩盖住彻骨的伤痛。而这种伤痛本身却可以联结他们彼此，甚至成为他们的慰藉。

这段时间他们总是收到朋友的儿女婚礼的邀请。他们拒绝了大部分，与他人社交，或者是看着幸福洋溢的女孩走红毯，对于他们来说都分明暗示着他们永远不可能因自己的女儿而拥有同样的经历。同时他们发现大家只会帮倒忙，对此他们达成了强烈的共识，布鲁代表两人说："我们在选择倾诉对象的时候必须十分小心。人们都害怕被刺痛——艾丽西亚的死很悲惨，她太年轻了，令人伤心。他们很害怕我会哭，或者强忍不哭，又或者希望我哭。他们问我艾丽西亚是怎么死的，我说我不想说。有个人告诉我振作起来，他的意思是让我勇敢地面对灾祸，我看着他，觉得他疯了。我没回答，我不知道该说什么，我太震惊了，我不会原谅他。"

她用拳头摩擦着手掌来发泄愤怒。但是布鲁有一个非常亲近的好朋友，索尼娅。索尼娅的女儿要结婚了，这次他们接受了邀请。自从艾丽西亚生病开始，索尼娅每周都会和布鲁在一个枯燥沉闷的咖啡店见面。有时候她们会聊一聊遇到的困难，有时候她们只是轻松地说说话，在停车场一坐就是两个小时。这就是好朋友，始终如一，友善，互相体谅。所以，对于他们来说，去索尼娅的女儿的婚礼是不一样的。"这么好的事情发生了，我真心祝福。我爱我的朋友和她的女儿，索尼娅的女儿也是我的教女，我应该为她开心。但我看着她的时候却是在想：希望你能应付得了接下来会发生的事情。生活是很艰难的。"她边说边拿出了一张艾丽西亚还是小宝宝时的照片，回想着那些纯真而充满希望的日子，现在全部毁于一旦了。

艾丽西亚的死意味着她再也不能伤害她自己和她的父母

了。我本想问问他们对此的看法，但没问出口——布鲁告诉我有一个人跟她说："她一直在生病，现在终于结束了。"就像是，这就是这件事的结束，是解脱。我知道这不是一种解脱，但是我在想这种情况像不像那些孩子死于重大疾病的父母所面对的情况，他们不希望孩子死去，但是在孩子死的时候他们确实感受到某种平静——终于不再受到更多的折磨了。我需要在找到对的表达方式后在对的时间表达这件事。

罗伯特开始回答我更多的问题："某种角度来讲我们几年前就失去了她。因为她拒绝见我们，我们努力想见她，做了一切能做的努力：写信，给她钱，去她那儿。也有几次我们在街上看到她，招呼她'嘿，亲爱的'，但她扬起手，拒绝看我们。她甚至改名叫蒂娜。我们经历了痛苦的拒绝。但是这么多年过去了，我们开始明白她再也不可能变好了，这种痛苦会是永久的。每天早晨，想着她对布鲁做的事，对我们俩做的事，我都感觉很残忍，她不是故意的，但她很残忍。这不是一个干脆的死亡，干脆的失亲容易接受，但是这一次不一样，你无法让你自己躲进洞里。"

我再一次被提醒他们所面临的失亲是多么复杂。我希望能找到正向的能量。但我需要了解这种双重失亲，信任他们可以重新建立新的生活。

丧亲的剧痛似乎开始衰减了。来见我需要一段漫长的旅程，他们很珍惜面谈的机会，但并不是每周都需要来见我。他们已经不再提起大多数残酷的细节，不想再一遍又一遍地重复那些东西。他们想继续按一月一次的频率进行面谈。我开始看到他们共同表现出的近乎天生的坚强。他们无疑备受折磨，并感到“恍若隔世”。罗伯特时常重复一位全科医生对他说过的话：“你摆脱不了它，你只能慢慢习惯它。”在他们成长的过程中，父母都不关心他们的感受，甚至把快乐设定为目标，这显然非常糟糕，特别是罗伯特早年在寄宿学校的经历。但我怀疑这是否同时造就了他们的某种坚忍，支撑了他们。一块肌肉，如果在早期形成了，那就意味着会继续发展。在过去的几个月中，我看到了更多的证据。有两件事情让所有人都笑了，布鲁对我说：“无论她的愿望是什么，她还是回家了。我把她的骨灰带回了家，放在花园里的一块石头下面，她就一直与我们同在了。因此，我们也永远不会离开这里。”我能看出他们脸上的骄傲和因艾丽西亚而产生的新的自豪。我想，是否我们未来要做的，是将生病之前的艾丽西亚内化，这样也许过于简单化了，或许我们可以让那个之前的艾丽西亚出现，坐在现在的这个受了伤的她身边。

另一件让他们展露笑容的事情是布鲁新近找到了信仰。“我找到宗教了。”她玩世不恭地笑着，那是我第一次看到她完整的笑容，这样谈及宗教让我觉得有点不寻常。她看起来甚至像在开玩笑。我很快听到了原因——“大众的鸦片”，罗伯特如是说。通过和一个退休神父的谈话，布鲁获得了许多慰藉。那是一个天主教神父。我们第一次见面时她满含痛苦的棕色的眼睛现在闪闪发亮。她成长于英国教会背景下，所以成为罗马天主教徒对反叛的她而言很有吸引力，但是真正影响了她的是这些话：“我更相信上帝，相信每个人都有自己的人生。自然是我们最终的归宿。我们只是沧海一粟，我们之上的信仰给了我们最大的安慰和力量。我喜欢做一粒无足轻重的尘埃。”罗伯特笑了，尽管显得有些嘲讽和怀疑，但还是带着温暖。他们之间现在有了更亲密的联结。

在他们身上，还能看到更加充满希望的信号：“最近，我在早晨想到了一些别的事情。艾丽西亚不是我唯一的念想，而是我的念想的影子。我能想起皮尔斯，为他感到开心的同时而没有罪恶感。他要和一个非常可爱的女孩结婚了。做个独子挺难的，我们为他结婚而激动。”罗伯特点了点头，尽管依然无言，但还是有所动容，我甚至能瞥见一丝他内心的笑容。他们聊天的时候，我再次意识到了为人父母的困难：毫无疑问，我们对孩子的成长有着潜移默化的影响，也希望我们的爱使他们能面对自己的脆弱，以及确保他们在生活沉浮之中无虞。但是，当他们长大成人的时候，我们知道我们已无能为力。此时，我们的任务可能是，找到方法原谅自己犯下的错，承认自己的无能，同时依然带着希望去爱他们。在我看来，布鲁和罗伯特没有提及，但是他们已经开始意识到问题，并且勇敢地继续去爱。

我现在已能预知未来的某一天，他们再也不用来找我了。不是因为他们的伤痛已然结束，这种伤痛永远不会结束，而是，他们的生活本身足以让他们能继续过下去，这源于他们的纽带，也源于他们对于皮尔斯的爱，对他未来的希冀。通过固有的生活下去的决心，尽管有时充满痛苦，尽管艾丽西亚的生命是一个悲剧，他们会从悲剧中幸存并且生活下去。

反　　思

Reflections

我和这些夫妻一起进行的工作是在他们生活最痛苦的时候进入他们世界的一个小窗口。几乎没有什么事比一个孩子的死亡更让人痛苦。

它撕碎了生活的规则：我们从未想过白发人送黑发人，他们应该是为我们送葬的人。这些夫妻心碎而迷茫：他们感觉自己好像被扔进一个陌生的世界，恐惧而迷惑，在那里他们没有地图和指南针。一个孩子的死亡留下了深不可测的洞，在人所遭受的所有失去亲人之痛中，失子之后的生活重建耗时最长。

为子女死亡而悲伤的家庭，是在为他们的一个核心人物悲伤，子女是父母生而为人的一部分，有时赋予父母生活的目的和身份。他们为孩子在自己的日常生活和未来中的缺席感到悲伤，他们假定未来有一天会相见。他们被迫重新调整目前的生活和对未来的期望，使之不再包括他们的孩子。

我在此讲到的那些故事中的夫妻足够重视他们之间的关系，采取了必要的心理辅导来帮助他们渡过难关。我会向那些夫妻强烈建议：如果他们在失子后感觉需要心理治疗师，最好夫妻同行。这种失去震动了家庭系统和关系的核心部分。离开父母在咨询中的共同参与，这种失去后的重建非常困难。像许多父母说的那样，失子“使你成为没人想成为的群体的一员”，让许多失子父母在其他人中感觉自己是个局外人。此外，许多人觉得在某种意义上他们是被挑选出来承受如此可怕的事情的。过去死亡的孩子更多，这始终是灭顶之灾，但因为基数庞大而有一种安慰。康复的重要步骤是参与支持团体，跟有同样经历的人相识。

通常，祖父母的强烈悲伤没有被关注到。他们不仅哀悼孙辈的死亡，还因眼见他们备受折磨的孩子而痛苦，同时无力改变所发生的事情。当一个孩子死亡时，如果祖父母与失子的儿女有良好关系，他们可能在维系家庭统一的过程中扮演关键角色。但如果这段关系本身有问题，就可能会使问题加剧。

失子父母的风险

孩子死亡，父母在精神疾病和慢性疾病方面的风险都会增加，尤其是在第一年，失子父母因精神疾病首次入院的比例比非失子父母高 70%。试图应对如此量级的丧失时，获得帮助的重要性无论如何强调都不为过。那些没有正视自己悲伤的失子者在第一年的表现与其他失子父母并无太大不同，但在随后的几年，甚至十年里，他们会比其他失子父母蒙受更多的社交、情感和身体上的损失。

性别差异

相比男性，母亲为失子所困的时间更长。她们的焦虑、思维侵扰、失眠的程度更高。研究显示，男性往往不愿谈论孩子的死亡和避免寻找专业帮助。这可能因为他们认为在妻子面前必须坚强，也可能因为社会规范的影响。

这并不意味男性比女性的痛苦少，更可能的是他们本能上处理痛苦的方式不同。它的意外结果之一是，男性没能从周围环境得到同等的照顾和关注。可以假设，因为男性貌似应付自如，结果他们往往感觉自己作为父亲的悲伤被人低估了。

夫妻关系相关的研究

如果夫妻能找到相互沟通之道，同舟共济会让他们亲近。他们是世上真正理解自己的失子之痛的仅有的两个人。然而，研究发现，已有关系障碍但未寻求帮助的夫妻很可能会在失子之后分手。

增强来自各方面的社会支持是疗愈的关键因素。危机之后，关系亲近且经常联络的朋友对失子夫妻非常必要，假以时日，他们可以帮助失子家庭重新融入生活——生活固然变化了，但“局外者”的感觉减轻了。

内疚

失子父母的内疚感很强。相比其他失亲，失子父母更倾向于坚持孩子的死亡责任在己，而无视死亡原因。意外死亡会加剧这种情况，家庭成员会经常在脑海里反复回想死亡情形，想要回到当时，重新做任何可能带来不同结果的决定。

说“错不在你”对这样的夫妻无济于事——就像跟人说不要担心一样，这是他们无法实现的良好愿望。相反，内疚感必须被仔细检视并开诚布公。只有这样，它的力量才可能被削弱。这个过程通常有助于厘清他们内心的自我暗示与真实情况不符。两个声音默默对抗，变得更加清晰。理性上，他们可能知道死亡的真实原因是意外或自然因素，但是心底的声音却告诉他们，这百分之百是他们的错误。最初，无法言说的冲突往往构成了他们难以忍受的紧张的核心，当它变得更清晰时，一部分紧张就会消散。

错误假设

没有经历过婴儿或儿童夭亡的幸运者常常为别人寻找减轻丧子打击的办法。我们大多数人会看到乐观的一面并做出错误判断：相比儿童，婴儿的夭亡所带来的痛苦会比儿童带来的小一点，因为父母尚不熟悉婴儿。失去孩子的伤痛不能用孩子的年龄来衡量，而要用寄托在孩子身上的爱和希望。

人们找到的另一个乐观想法是，有其他子女会减轻失子之痛。研究的确显示，其他子女的存在是有帮助的：必须为活着的其他子女而继续生活成了父母生活的目标。然而这是一种简单化的观点，不可过度引申。有时，为失去孩子感到的痛可能会压倒他们对活着的孩子的爱。

希望

希望是能够扭转生活的点金术。像菲尔和安妮特这样的人能够重建他们对生活的信任，希望是至关重要的因素。死亡对家庭产生的全部影响不仅取决于之前和当时发生的所有事情，还取决于它的最终后果。这意味着也需要“希望”传递一些好运。我曾为那些经历过更困难的事件的夫妇们进行心理治疗，比如失业、无法生育和家人死亡，加上最极端的失子的连续心理重创，他们可能会被推向绝望。

适应

适应是一个治疗术语，用来描述我们必须如何做出内在改变与新的现实和解。这里有一个很好的图示。丧亲产生的空间或“洞”在开始时是黑色的、无底的和吞噬性的，但是随着时间的推移——有时是很长一段时间——失亲者会重建他们的生活，“洞”的尺寸没有缩小，他们的生活会围绕着它扩展。

朗东，T.（1993）

创伤后成长

在美国和英国进行的研究表明，经历了创伤性事件后，人可以实现积极的变化和心理成长。这并没有减少来自事件的创伤严重程度，或者暗示了它是件好事。对有些人而言，劫后余生会有意外的结果。这些人发现他们感到了更大的耐挫性，就好像他们已经长大了，在面对逆境时，他们有一种更强烈的耐受性——“经过了这件事,就没什么过不去的坎了”。它同样改变了他们在生活中的价值观：对大多数人而言，这通常意味着看淡名利，而更关注人与人的关系和生活的意义。结果，这些人与他人的关系趋于加深和更令人满意，他们获得了一种更明智、更慈悲的感觉。亲历如此磨难，他们增长了理解力和同情心，还有些人体会到了灵性和宗教感的成长。

在来访者身上，我注意到了这样的成长，这当然很令人振奋。这进一步证明了令我惊奇不已的事情：作为人类我们的适应性很强，那些适应性最强的人最终是茁壮成长的人。

丨儿童死亡的相关数据

如果我们处于统计百分比的幸运一端，这个数字似乎并不意味着什么，而如果是另一端，情况就严重了。有时它让我们知道我们的运气有多糟糕，而有时，它让我们知道自己并不是世上唯一遭此噩运的人，尽管在当时我们可能有这种感觉。

· 婴儿和儿童的年死亡数在过去十年保持稳定。

· 统计表明四分之一的妊娠终止于流产。

· 每年有三千五百名胎儿死产。

· 平均每年有五千名新生儿和婴儿死亡。

· 每年有七千名儿童死亡，也就是在英格兰和威尔士，每十万人中有十名婴儿死亡。

· 儿童死亡风险最高的时期是出生之前或新生儿时期。三分之二的婴儿死亡发生在新生儿时期，即生命的前二十八天。在已出生一年的孩子中，死亡人数大幅下降。值得注意的是，在十四至二十一岁这个年龄段，死亡人数再次上升，这是因为这个群体所遭遇的意外事故。

面对自己的死亡
Facing your own death

别让我活得如行尸走肉。

——希伯来祷词

四十八岁时患上肺癌，目前余生约六个月到一年

琼

Jean

琼四十八岁，身材瘦小。她看起来像是来自二十世纪七十年代，色彩斑斓的民族上衣松松垮垮地垂落在一条嬉皮风格的喇叭裤上，红色的长卷发上缠绕着一条头巾作为发箍。她整个人很平静，这与她经历的可怕故事很不相符。她最近被确诊了绝症：肺癌，医生说她还能活六个月到一年时间。

在确诊的那一刻，像我们大多数人一样，当未来的生存不再是顺理成章的，悲伤的旅程就开始了。她认为死亡会发生在别人身上，不是自己，而诊断结果将幸福的无知得粉碎。

琼经历着两重悲伤：她的兄弟很不幸地死于五年前的一场车祸。当她告诉我这件事时，我几乎可以想象她的母亲会

是怎样痛彻心扉，要接受两个孩子的死亡。琼已婚，有一个十七岁的儿子，名叫詹姆斯。她和丈夫西蒙的关系还不错，虽然感情没那么深。他们走到一起是因为对音乐的共同热爱。她觉得丈夫人很好，也非常聪明，但是在感情上对她很疏离，她很担心自己死后，丈夫不能好好照顾儿子。

她想跟我聊的是她的病情和即将到来的死亡，以及对于詹姆斯来说这意味着什么。她家里没有一个人愿意听这件事，每当她提起，他们总是对此对此避而不谈，转而与她讨论未来："你的治疗怎么样？""现代医学技术会创造奇迹的！"他们拒绝了讨论她的忧虑的任何可能性。但是，我能真切感受她的死亡，我只比她大五岁。坐在我对面的她，和我同时代出生但即将在六个月后死去，这让我深受震撼。我感觉到自己生死的脆弱。

琼讲了很多关于她兄弟的死，讲述时经常会哭。星期天晚上那通突如其来的电话过后，她后悔听从了警察的建议没去看他的遗体。所有这些堆积成的冲击长时间驻留在她身体里。

面对自己的死亡，琼极其镇定。对此我很惊讶，因为我站在她的角度想过，而她完全不是我想象中的模样，但是她真的非常镇定。我到现在还没有完全理解为什么她能这么平静地接受自己的死亡。我试探性地问过一次，她避开了话题，很显然并不想谈论这个。我记录了这件事，想着以后肯定还会回到这个主题。

对琼来说，更令人难过的是离开自己的儿子詹姆斯。她最在意的就是这个，所以我也开始在意这一点。她现在很后悔当初身体好的时候没能意识到当一个好妈妈的必要。在她走了以后，詹姆斯能不能被照顾好是让她日夜担心的事。她没有用到“死”这个字，我也没有，这是一种安慰，因为我发现我很难想象当着她的面说出这个字，可能我感受到了她投射的情感。这让我想到了别人和她谈话时会不知如何是好的感觉——如果我都觉得困难，他们会觉得更难。琼一般会用“不在了”或者“当我走了”这样的短语来指代死亡。我回复她的时候也会尽可能跟她保持一致，因为我不想用自己的语言和想法破坏她精心设计的措辞。有些医疗工作者或者治疗师认为，病人即使抗拒也应该被迫接受真相，我非常不赞同这种想法。我相信我们的工作不是把自己当作全知者，强行干扰别人的意识，击溃他们的心理防御机制。这样的策略很可能会让对方封锁心门，再也不打开，或者会让对方提高戒备，直至没有任何治疗的可能。

琼并没有放弃生活。她当然力求尽可能地活久一点，甚至参加了一个癌症新疗法的试验治疗。根据我的理解，她对自己的死亡的冷静接受源于她把大部分情感倾注在了她爱的人身上，那些她死后需要被照顾的人身上。而且，我不断地被她作为一个妈妈的无私奉献所震撼。

我们最痛苦的几次谈话之一是讨论如何告诉詹姆斯她的绝症诊断。比接受自己的绝症诊断更难的事，是告诉儿子妈妈的病不会好了。她本能地希望他不要知道，尤其是在他正处于青春期觉得生活充满烦恼的此时。他现在完全受控于全身上下汹涌的青春期荷尔蒙：妈妈买的运动鞋牌子不对，讨厌做作业。而且总是情绪不稳定，非常生气，琼根本无法完全理解。琼猜测他生气是因为她作为妈妈不够好，是因为如果他有选择，一定不会选她做妈妈。“他想要一个健康的，能做事的妈妈。”她告诉我。前面几年，她做了几周高强度的化疗，然后在家休整了几个月，最后被下达了死亡通牒。这意味着她总在生病，尽管她尽量在詹姆斯去上学时休息，以期在詹姆斯回到家时能陪着他。

我告诉她我的大致想法是，因为她是妈妈，所以她最了解詹姆斯，而我给她的建议都会经过母亲这个身份的特殊滤镜。我同时告诉她，调查显示，孩子们如果被告知真相，和成人知道同样的真相，往往会将现状处理得更好。成人认为的保护对孩子来说可能是一种被排斥在外的感觉。在死亡发生后，他们可能会为其他人都知情只有自己被蒙在鼓里而非常生气。我很担心如果不告诉詹姆斯真相，而他继续对妈妈生气、和妈妈闹别扭的话，之后他会非常后悔，会因为自己没有机会早一点爱护妈妈，没有好好说“再见”而感到愤怒。我告诉琼这些时，她没有哭，她在自己的小本子上记了些笔记，就像之前每次面谈一样。她点着头，吞咽口水，我能看出她正经历着巨大的情绪波动。但是，不管怎么样，她接受了我说的，决定在周末告诉他真相。在她沉静的尊严中我热泪盈眶。

当琼和丈夫把真相告诉詹姆斯之后他又哭又喊。他希望这不是真的，他也不能相信这是真的。他的经验是妈妈会生病，然后会变好。同时他想知道更多的信息，比如她还能活多久。他们把掌握的信息对他和盘托出：目前没有有效的疗法。她现在吃的药只是减轻她的痛苦，并不会改善病情。并且，她不知道自己什么时候会死。他们希望她至少能活一年或者更久。詹姆斯抱住她，很长一段时间以来都没有这么久地抱过她。整个周末他都非常震惊，在愤怒和难过之间徘徊，为了逃避这个他不愿意面对的消息，终日对着电脑。

琼说她注意到最近詹姆斯都更倾向于和爸爸说话，就像一个本能的生存机制，远离死亡，朝向生命。这其实很常见，而我当时很犹豫要不要告诉她，因为这可能会帮助她理解詹姆斯的行为，但也有可能会大幅加重她的痛苦。最后，我选择了诚实。我不知道这是否有可能减轻她的痛苦。现在回首，我觉得减轻她的痛苦这件事是我无论如何也做不到的。她当时快要死了，留下她深爱的儿子。她应该感到痛不欲生。

几周后，琼的病情恶化了。见到她病入膏肓我感到非常沮丧，看得出来呼吸或者爬楼梯对她来说变得多么困难。她却云淡风轻，一点也不自怜。我被她感动，但是同时发现自己非常紧张——与她的死亡近在咫尺让我也再次直面自己的死亡。

显然，琼是被深爱着的，她有一帮很好的朋友："我的朋友会来看我，让人很感动，但也很疲惫。"我们制订了一个策略让她既能珍惜余生的宝贵时间，又不至于拒绝一些来访者时太过唐突。她把自己的邮箱改成了休假模式，不用检查邮箱给她带来的轻松让我们俩都很惊讶。对她来说保持礼仪很重要。所有来见她的人都知道她已临终，但没有人提起过这件事，也没有人问过她关于这个怎么想，就像是讨论她的死亡在某种程度上会加速死亡的进程。但她不这么想：她仍然希望能够现实地讨论她的死亡，对"看起来他们完全跨越不了的拒绝的砖墙"深感沮丧。我们讨论了一下她应该做什么来改变这个状况，最后决定她可以组织几场晚餐，邀请她的兄弟姐妹，詹姆斯的教父教母，以及她的丈夫。她觉得如果邀请她年近八旬，正在为第二个孩子即将死去而心烦意乱的妈妈，会让事情变得令人太过痛苦。

在那些聚餐上，琼会跳出平常那个安静的自己，制定自己的议题。她把自己的担心写在笔记本上，在饭桌上全部罗列出来：谁来为詹姆斯清洗校服，谁会在节假日照顾他，谁来帮助他决定要选什么课、应该去哪个大学、应该和谁谈恋爱等等。她准备给他二十一岁以前的每个生日写一张生日贺卡，她希望能确保这些贺卡会被按时送达。一想到詹姆斯将会独自一人，能陪伴他的只有几周才陪他一次的爱他但内心孤僻的爸爸，她就很难过。在这些晚餐中，大家制订了计划，达成了共识，每个人都知道了自己将要负责什么。琼因此觉得一下子松了口气，因为她终于尽她所能完成了一个母亲能为未来的詹姆斯做的事；她不能控制自己的死亡，但她能对儿子未来的生活尽可能地给出帮助。

我建议她应该和詹姆斯进行一些身体接触，比如让詹姆斯帮她涂护手霜或是递给她一杯茶。这样可以给他制造一些对妈妈好、照顾妈妈的回忆。她告诉我，她躺在床上的时候，他会进来坐在她旁边画画——这听起来很棒。我明白，随着时间流逝，他关于她的回忆会变得越来越宝贵。当他开始担心自己会忘记她时，他画的这些画会将他一下子拉回到他们共同的回忆里。他们在一起的照片也将会触动他：我建议琼多拍些全家人的照片，还有她和儿子两个人的合照。

我们的最后一次谈话是在电话中进行的。前一周琼在医院里接受手术。她现在回家了，但是被告知“你可能只能活最后几天或者几周了”。我非常震惊，如被扼喉，告诉她我听到这个消息有多难过，简直不敢想象她现在是什么心情。我想起之前在护理院一起工作的医生说过的话：“不管死亡诊断多么不容置疑，你永远不可能做好接受死亡的准备。”

我说的话听起来极其不合时宜，但那是我所能说的所有了，我感觉我的语气可能比我说的话传达了更多东西。她现在需要决定是告诉詹姆斯自己的死亡迫在眉睫，还是尽可能快乐地度过最后几天的时光。她不想毁了他们的心情，但是她知道如果不告诉他，詹姆斯会很生气自己没有被告知全部信息。

聊到詹姆斯后，琼哭了，然后告诉我她第一次感觉到害怕。我希望能够把关注点从詹姆斯身上转移到她身上，专心帮助她处理内心的恐惧。但是当她告诉我她想把我们的时间全都用来聊她的儿子，我虽然很不情愿但只能选择尊重她。最后，琼找了这么个办法：她会与儿子度过接下来的一整个星期，尽量制造一些独特的记忆，之后琼会告诉儿子自己没有多长时间可活了。她为我与她谈话表达了异常感激，而我却因为这个世界的残忍感到非常愤怒。

她的病太重了，没办法与我再次约谈。她发来的邮件的语气告诉我她知道我们不会再有机会说话了。两周后，我从她的一个朋友那儿听说她去世了。我当然知道这一定会发生，但我仍然很震惊。我与来访者相处的经历告诉我，知晓和亲历有天壤之别。我很受震动，也希望她去世时平静安详。但我永远不会知道真实的情况了。我去了本地的教堂，为她点了一根蜡烛。我还是会想，她是否平静，是否安详。

逾七十五岁，十七年前患肾脏癌，目前剩下几个月时间

芭芭拉
Barbara

芭芭拉在十七年前被确诊了肾癌，她同意在她家见面，和我谈谈怎么带着一个威胁生命的疾病生活。我对她知之甚少，只知道她回邮件非常快。当我迷了路在车里打电话给她，我被她声音的虚弱程度震惊了：她说的话竭力地从她空洞的胸腔中挤出来。

芭芭拉站在她的小农舍外面等我，友好地向我招手。身边陪着她的是两条兴奋地摇着尾巴汪汪叫的小狗。我的第一反应是：哦，上帝，千万别让我轧到这两条狗。她把我迎进屋里，准备好了茶和胡萝卜蛋糕。

芭芭拉温柔而虚弱，走路很慢。她已经超过七十五岁了，

却非常美丽。并不是青春褪色之后的美丽，而是在她说话，尤其是微笑时，随之而来的令人如沐春风的美丽。她茂密的灰色头发和皮肤显然常年暴露在户外，但是现在很苍白。当她开心的时候，她的眼睛里闪闪发光，这很吸引我。

我非常感兴趣她是如何带着癌症活了这么久，当我这样说时我并没有完全理解她的苦笑，直到她告诉我："我这星期感觉很不好。前面十八个月我都在接受一个让我很痛苦的药物试验。它会攻击我的免疫系统的，是一种激进的药物。反正到头来，这药对我没用。他们告诉我癌症又大规模复发了，而且转移到胃了，已经长到一个橘子那么大了，长得很快，情形不妙。从开始到现在才几个月。"在讲这些令人崩溃的话时，她的泪水汹涌而下。她本来不想哭的："我之前都非常坚强，但今天感觉很虚弱，我受了太多苦，感觉太累了。"她用手捂住嘴，希望这样能把眼泪逼回去。

我从她的话里感受到强烈的痛苦，而且明白，她向我——一个完全陌生的人——倾诉了最强烈的情感，除了那句任何人都可能会对某个人说的"我爱你"之外最强烈的情感。我知道我的回答要简单而表达同情，千万不能太夸张。我惊讶于她轻描淡写地描述——"不太好"。她正努力振作起来，不喜欢哭泣，我也不希望她感到自己在我面前暴露太多。我告诉她我多么为她感到难过，听到这样的消息我有多震惊。

我想让她知道我完全理解她所说的问题的严重性，以及我多么能感同身受；我需要控制我的语调但同时传达同情。

芭芭拉微笑着，想要克服自己的悲伤。“前些日子我在一直想办法对付这个，你来得真巧，正好看到一个人必须面对死亡。”又是那样美丽的微笑，这次看起来却很讽刺。她的回应告诉我她对待死亡的态度是矛盾的：她很现实地知道自己活不了多久了，但与此同时并不想接受这件事。她说自己是一个计划性很强的人，一个“完美主义者”，她想让所有的事情按部就班。“要做的事情总是太多。今早我因为哭得太厉害没能去见律师，也许我可以明天去见他。”

为了更多地了解她对自己的预期寿命的想法，我问她是否打算和她的会诊医生谈一谈。我想她应该因为激进的治疗手段而感到精疲力竭，这些治疗会产生强烈的副作用，但有可能为她争取更多的时间；如果放弃治疗，则可能意味着她的余生会短一点但更舒适一点。我在想她会如何在生命质量和长度之间做出决定，取舍利弊。但是她的直觉告诉她应该与癌症战斗：“我不想听到坏消息，如果他只有坏消息，我不想和他见面。我已经很多次证明他们错了，我还可以再次证明。”她在说这话的时候强忍住泪水，“我不想死，我以为自己至少还能再活一年，所以癌症转移这件事太令我震惊了。”我意识到，因为不是自己的事，因为无关我的生活、我的死亡，我可以多么轻易地给她分析各种选择。而对芭芭拉还有其他很多人来说，不论考虑多少，都不可能超越生存的生理冲动。

不过，她很自然地回应下面隐藏着一个更脆弱的缘由：害怕面对未知。“我会失去所有能力，我的声音正在丧失——我之前去看过一个语言治疗师，她告诉我她基本无能为力，一想到这些我就浑身僵硬。我只有一个夏天了，我想放松地度过，我想尽可能开心一点，但是现在我好害怕。”这时候，我和她聊了聊她需要什么，有什么能够支持她。

芭芭拉一个人住，但一点也不孤独，她很爱独处。但六年前她深爱的丈夫帕迪的离世对她是个很大的打击，她一个人承受了“极大的悲伤”。虽然她找到了继续活着的方法，但她认为自己的癌症复发和丧夫之痛有直接联系：悲伤引发了癌症复发。她对丈夫关心到无以复加，这让她忽视了自己的健康，直到病情严重。

我看得出来芭芭拉并不是那种喜欢小题大做的人，她对别人很有礼貌，也很会为他人着想。但这样周到的代价是没有人知道她真正要什么。她需要朋友在她身边，给她讲讲他们的近况，但她觉得周围的人都太忙了，她无法打扰他们。她告诉我：“我不会打电话给他们，我希望他们打给我，但是他们说不想在我生病的时候打扰我。”我很坚决地建议她从现在开始把自己的需求放在第一位。她拿起电话，找到了一个她几周前列出的优先顺序表：

- 自己
- 皮普和巴斯特（两只狗）
- 朋友
- 家
- 马
- 鸡

至少她知道把自己放在第一位，我和她都哈哈大笑。她的狗是她最亲密的朋友：它们坐在沙发上陪她，睡在她房里，逼她出去散步，永远爱她，见到她总是很开心，是她最容易得到的也是最大的安慰。她也同样一直很爱她的马：它们的存在，它们的气味，都让她平静。看它们驰骋同样能让她平静。

我了解了她对于自己的花园和马匹的爱，同时对她的故事有了更多的了解。当她谈论过去时，她的语调会轻快一点，像一个年轻版本的她。“我十一岁的时候下决心要骑马。我的第一匹小马叫帕奇，是一匹设得兰群岛的花斑马。它是我的‘初恋’，一匹可爱而坚强的小马，是它教会了我骑马。我那时住在它的马厩里。我父亲那时是林肯郡小有资产的农场主，他辛勤劳动，我们这群孩子也都整天在帮他的忙，放羊、挤奶、喂牛。在拖拉机里，我坐在他腿上，一坐就是好几个小时：我可以回忆起他烟斗的味道，他总是在那儿一口一口吸着，最后还会发出吧嗒的声响，我特别爱那个场景。”我很受震撼，她聊起当时的感受，仿佛时间从未流逝。芭芭拉的皮肤、骨头、头发，甚至每一个细胞都在提示着她是个老人，但是当她说到她的童年，就像回到了六岁、十六岁那样——记忆带来的感受是时间无法改变的。

从那时起，她开始在一个小地方当马夫，机缘巧合地被介绍去了一个美丽的花园，这个转折为她的人生设定了一个新方向。她告诉我：“我对园艺的热爱给了我长久的幸福。”她接受了庭园规划的相关培训，在之后四十年里做得很成功。但同时她仍然非常喜欢马，也一直热爱骑马。

在芭芭拉五十岁之前，一直没有人对她说过“我爱你”。“没有人对我说过‘我爱你’，直到我遇见帕迪。我不知道是因为我的原因，还是别的原因，我有过的为数不多的几段关系，都不能长久——直到我遇见帕迪，我的帕迪。”芭芭拉遇见他的时候，他离婚了，带着一个青春期的儿子。芭芭拉后来花了好长时间去跟帕迪的儿子搞好关系。“现在，他和我的关系比原来好，我们不用再为帕迪竞争了。他现在很好，经常来看看我。”她主动提起孩子的时候我在想，没有孩子是不是她的一个很大的缺失，她说：“我应该会很喜欢孩子，但不是必须。我有我的马和狗。”

她为自己预设的形象和她真正拥有的力量之间有着有趣的矛盾。她甜美的、没有任何攻击性的礼貌，其实带有很强烈的老式英格兰做派，这意味着她将自己看成是丈夫的附属品；这掩盖了她性格里强硬的一部分，强硬的这部分让她与病魔战斗，为自己和丈夫赢得了那么多年额外的生活时间。她有一个亲密的朋友和她同时被确诊为肾癌，但是这个朋友在确诊当年就去世了。芭芭拉觉得这是因为她的朋友当时感到非常愤怒和不甘，总是说：“为什么是我？”而芭芭拉会平静地说：“为什么不是我呢？”

芭芭拉的经历中与医疗系统有关的部分多而复杂。信息匮乏以及和专家的沟通不足让人非常沮丧，她觉得当时他们没有发现她的胃癌：连续几个月她都抱怨自己胃疼。最终她找到了一个感觉可以充分信任的医师，对他说：“你现在是我的上帝。”因为她需要找到一个能寄托自己全部希望的人。但是他非常忙，就像大部分医师一样。所以她已经很长一段时间没有从他那里得到新的信息和回应了。一方面，她理解他实在太忙，但另一方面，芭芭拉只想对他大吼大叫。他以“对不起，我现在正在处理一个临终病人”让她哑口无言。

过了不久，芭芭拉的声音更虚弱了：很显然她非常疲惫。

我跟她确认，她会让她想见的人知道她的意愿，而不是继续等待他们打电话过来。我们约好再次见面之后，她对我说了谢谢，我们又回到了日常寒暄的模式，就像我们一起喝了杯稀松平常的茶，聊了聊天气。恍如梦境。

芭芭拉对身患绝症的诊断结果的反应和人们对死亡的哀悼过程很像：在能够面对的事实和无法面对的事实之间，在混乱的信息和矛盾的感觉之间拉拉扯扯。这就是为什么她需要帮助和支持。生命里那些爱她的朋友可以坐在她身边，一边看赛马，一边回忆过去；我希望，如果她提起来，朋友们同样也能谈一谈她即将到来的死亡。

我意识到，我们在生活中是怎样的，面对死亡时就会怎样，也许只是会更激烈一点。保持自己的尊严和坚强对芭芭拉来说是一个有力的支柱。我的工作就是找到方法让她能够展示自己的尊严、力量，表达对于可怕的未知的恐惧。我希望，她在回忆起这些时，不会因自己对一个陌生人倾诉了那么多而感觉不安心。

我想到了她是怎么站在小农舍外面迎接我，在我进屋时为我准备了蛋糕和装在瓷茶壶里的茶的，这些都是我从来没做过的——朋友能从我这儿拿到一杯水、一块饼干就算走运了，因为他们到访的时候我总是在忙别的事。芭芭拉对我关怀备至，她的良苦用心也让我一窥她的慷慨。或许，她标志了一个经典女性时代的结束，以美好和礼貌（比如一个微笑和一杯茶）来掩盖混乱和苦难是这种女性的生活准则。在她的一生中她可能为此付出了很大的代价，我决定和她一起探讨这个问题，这个问题里有我想探讨的很深刻的命题。

我收到了芭芭拉的邮件，说想要再次见我。我非常开心我没有给她太大的压力。几周后，我去见了她，看见她的状况没有变化，我松了一口气。当然，她照例准备了茶点。我得知她最近在尝试一种新药，她希望它有效。她看起来那么乐观积极，我很疑惑她会不会提起自己的死亡，但我知道我不能直接问她这个问题。

对处于她的情况下大部分人早晚会有的那种心理战，芭芭拉尚未有意识地介入：什么时候应该“接受死亡”，感受平静？又怎么知道是不是明明还有希望，却又“太早放弃”？芭芭拉在对抗疾病上表现得非常好，但是我很清楚，现在这样的对抗只会让她沮丧，因为这一次她不会赢了。我希望假以时日我可以帮助她明白这一点。我们都知道为什么我会出现在她的生命里，我也通过诸如“你有什么顾虑吗？”这样开放性的问题给过她很多次机会提起这个话题。她的回应是：“我不知道我还能不能去花展，我真的很想去，但我担心身体不允许。”我感觉我们之间不断进行着无交集的对话：她表面上说的，以及我们都知道的，她不想明说或没必要明说的言下之意。这是一个双重的认知。虽然她吐字困难——她很费劲地保持正常呼吸和说话——让我们都知道她真的病得很重。

我相信她会认识到盘点自己的一生是非常有意义的，尽管我很好奇，如果她不愿意，我当然也不会强人所难。她控制生命的方式，应对机制就是保持积极，这样的态度从某方面来讲抑制了她汹涌的感受，让它们不会泛滥。压力越大，她越需要这种态度，但我还是尽我所能温柔地梳理着她的情感，希望保证她抵挡住面对死亡的恐惧。她告诉我她与帕迪的爱、她的工作和她对马儿的爱，给了她生命的意义。她说："他生病的时候，大家都以为我会受不住。但是没那么严重，我只想待在他身边。他不喜欢医院的护士，只想要我照顾他，而我也那么做了。"我能听出她说这些时的骄傲，也明白她不会像爱帕迪那样爱自己。

只有一次，我们话语之下潜伏着的无声对话浮上了水面。她当时在聊去年夏天的一个假日。"我不想再旅行了：我的假日让我有太多时间思考。我更喜欢在这儿忙碌着……然后，也是，我可能没有选择。"她就像不小心掉进了思想的旋涡。我接起她的话头继续说时，泪水慢慢地从她的眼中涌出，然后她就绕开话题，开始谈起了别的东西，但马上又回到这个话题，好像讨论没中止过。"我不怕死，我怕孤独地死去，被人发现已经死了。"我们聊了聊她可以针对这个问题制订什么样的计划。“我上星期见了姑息治疗的护士，我可以去临终关怀医院，但我想留在家里……”她流下了更多眼泪，引得小狗们跳上她的膝盖，舔舐她的脸。她一边笑一边哭，轻轻拍打它们，重复叫着它们的名字，抚慰它们，这对她来说也是在抚慰自己。我很确定临终关怀医院可以确保她在家里接受照顾。我们约定，过几天再见护士时她将会确认这件事。

当我再一次想要和芭芭拉约定时间见面的时候，芭芭拉没有回复我。我很害怕她已经死了。正当我考虑怎么才能了解情况时，她发来了短信，我去见了她。

芭芭拉看起来瘦了好多好多，走路拄着拐杖，呼吸急促到我很难听清她在说什么。她告诉我：“我这段时间真的不太好，发高烧。我也不知道现在我是向哪个方向发展——麦克米兰（癌症治疗中心）的护士说我随时可能死去，但是我也不知道……我是个不合规格的齿轮，没有卡槽适合我。”她在说话时想要试着穿上袜子，但是身体太虚弱了，没能穿上。我帮助她时，她执意要自己做，但最后还是接受了我的帮助。对她来说正常地活着很重要，但她太脆弱了。她其实适合那个卡槽，问题是她不想投身其中。

她已经正视自己的需要，叫来所有爱她的人围绕在她身边，听说了这个我感到很欣慰。她为自己的生日举行了茶会。“那场聚会真的让我感到一切终结了。”她哭着对我说，“我在聚会时情绪很激动，因为我知道人们是真的在说再见了（更多眼泪）。我想应该没人看出来，但是我感觉现在是真的到了那个阶段了……”我正想回应这个话题，但还没来得及，她就稍微岔开了话题。一个朋友跟她说：“这个派对给了你你想要的，很多微笑的脸庞，我们没理由不露出微笑的脸庞。”我承认这是一次为她举办的庆祝会，她向我展露出迷人的微笑，骄傲地念出她的一位最好的朋友发给她的短信：“上周二是令人难忘的爱，太特别了。”我不确定我真的完全理解了短信的意思，但是芭芭拉显然完全理解了。这整个事件对她来说意义重大，但同时苦乐参半。她意识到了被爱的感觉和有机会说再见的重要性，但是大家还是需要假装一切都好，一切正常。我确信，她藏起了她的伤心，她的客人们也一样。我情不自禁地想如果他们坦陈心声，情况又会是怎样呢？

当我坐在她身边的时候，我提起了这个话题。虽然她说了她的想法，但不希望在这方面讨论更深。关于面对自己的死亡，她吐露了一番肺腑之言，但我还是感觉得到某一部分的她想逃避这件事，她显然完全不想处理因为此事引发的情绪。我当然只会讨论她想要涉及的问题。她在逃避生活的同时又在争取活着。

我们一起走到外面，走到她小小的令人惊艳的花园里。当她感受到阳光照在脸上，坐在她最喜欢的地方时，明显放松下来。她闭上眼睛，吸收能量。“啊，开心点了……我希望还能再次骑马。”看得出她想象自己正在骑马，风吹发梢，这天地间，无论儿时还是成年，只有在这马背上，她觉得最安全自在，也安抚着她。

另一件让她放松的事是她和继子约翰尼关系亲密，他们重归于好的感觉。“我们现在这样很好……他真的关心我，这很温暖，我以前从来没想过他会这样。我感受到了他的爱。我觉得他以前从来没爱过我。我是个继母（泪如雨下），那过程真的很难。帕迪死的时候我很怕约翰尼觉得我没做好，但他告诉我我做得非常好。他真的非常好，非常支持我。我们互相说了‘我爱你’。”我不用说太多，只需要告诉她这些眼泪对她来说多重要——它们让她释放了过去的痛苦，接受了约翰尼的爱，这是高兴的眼泪。

如果她要给与她同病相怜的人一个建议，那将会是：忍受痛苦。这也是她的护理者努力帮助她做到的。还有，“你总会想活得更久”。她也知道自己活不长了，这让人很心酸。因此她总是感觉心力交瘁。

她承认她需要帮助。“一口气的工夫我可能就死了……我只想睡觉。但如果没人在我身边，我就会感觉很怕。”她前阵子和麦克米兰的护士吵得很凶，让人家离开，不喜欢听从护士的指示，但她现在意识到自己要停止掌控一切，让别人来照顾自己。我理解对她来说这有多难——放弃了自己对自己的控制就像放弃了生命。

她很累，需要睡眠。而她对我说的最后一句话更像是无意识的。她说："我一直很孤独——这世上几乎每个人都很孤独……"几周前她刚刚确认过了她并不孤独。我感觉她的意思是我们每个人都会孤独地死去。

我后来又去见过她一次。她的生命在凋零：她可以下床走到洗手间，但那已经是她体能的极限。大多数时间里她都在睡觉。新来的护士给了她吗啡，希望能以最适合的量缓解她的疼痛，又不至于令她终日昏睡。她睡觉时，我坐在她身边，听着她的呼吸声，知道她在顽强地为生命战斗。

她醒来的时候面带微笑，脸上发光。我问她在想什么，她告诉我："我做了好多梦。我也不知道那是梦还是想法，但是关于过去的影像和时光就这样闪现在我的脑海里。那些我生气或者有压力时的记忆，那些我早已经忘了的记忆从脑袋深处涌上来——我妈妈的样子，帕迪对我的爱……"她提到帕迪名字的时候眼里泛着泪光。"我现在对自己有不同的看法了，为什么我曾经惹恼过那么多人。我之前从来没意识到……"

一阵沉默过后，我以为她快睡着了，但是她说话了，就像我们曾经说过的那些："我当然相信灵魂，灵魂会离开身体——非常相信，并不是相信上帝。你怎么想？”我说，我相信的是，我们活在我们爱的人和爱我们的人所共同组成的记忆里。我告诉她我觉得她会继续活在这间屋子里，继续活在约翰尼的回忆里。她说："我非常庆幸我留在了这里。我很享受有更多的时间去爱这间房子，我想要再过一次夏天。一切都来得太快了，太快了……时间真的很宝贵……"然后她说："如果没见过，你一定很难相信灵魂的存在……我看到帕迪的灵魂离开了他的身体。"我尽量简单地回答，更多地倾听，让她知道她在被倾听，被陪伴。当她再次入睡时，我听到她说了那个词："旅程。"这个词被用滥了，但是她既在一场既定的旅程中，也在去往一个截然不同的大地的旅程中，我们都清楚但又不敢承认。

几个小时后，我离开前，我们拥抱了一下。她说："谢谢你。你还会再来吗？"我说："当然，我一定会再来的。"但我想我们都知道很可能不会了。芭芭拉不是那种喜欢"紧紧黏着你"的人。坐回车里后我感觉非常受震动。说出最后的再见真的好难，我很感激这段经历。

但事实上，我错了。芭芭拉从那种严重的状况中恢复了过来。而我也因此又去见了她。现在，一种新药正在延长她的生命，她到底能活多久我们谁都不知道。我们唯一能肯定的事情是，我们永远无法确定自己什么时候会死去。

戈登
Gordon

戈登穿一件浆过的白衬衫，扣子一直扣到下巴，法式袖口戴着袖扣，西装背心的口袋里吊着一只怀表。他年过八十，依然衣冠楚楚。他缓慢地走来，脚蹬高光牛津粗革皮鞋，拿一根拐杖，身形单薄，皮肤白皙，镜片后面蓝色的眼睛目光犀利。戈登在死亡的边缘张望，心神不宁，表情烦躁。他知道我是一个治疗师，并同意在他所去的临终关怀医院跟我交谈。在心里，我把我们的见面当作朋友式的，我要为他提供陪伴和情感支持。

他用一种轻柔的苏格兰口音告诉我，他得了肝癌，无法手术，癌细胞已经扩散到了全身。当他说“我感到怅然若失，我的妻子去世了”时，我才确认了那个诊断。当他的眼神在房间里游弋，试图找到一个地方寄托自己，我能看到他的落寞。戈登一边看地方报纸一边有一句没一句地跟我说话，这个节奏很好，让戈登可以控制我们交流的范围，只是他翻报纸的方式流露了他的不安：他的呼吸之下有翻报纸的沙沙声和持续不断的烦闷的嘟囔声，好像那些纸张的摆放是要故意激怒他。

我问到他的妻子，“她不该去世的，”他说，“我是身体不好的那个——她比我年轻，小三岁，八十二，健康，腿脚有点站不稳。但是六个月前她突发性心脏病发作，当时就去世了。我在起居室，听到卧室传来叫声和‘砰’的声音，上楼看到她在那儿，死在地板上。”说到最后，他流出眼泪，极度痛苦。我缓慢地回应，一字一顿，这样他可以仿效我的做法而放松下来。我告诉他这一定是令人难以接受的打击。我也不得不大声说话，因为尽管有助听器，他还是很难听清我说的话。他的悲伤变成了愤怒：“简直是混蛋！”随即是充满愤怒的长篇演讲，并非能被人完全理解，他双手愤怒地紧握,我看到他的左手手指上文着“爱”而右手手指文着“恨”。

像许多人一样，我本能地警惕愤怒的不可预测性，尽管它是悲伤的常见反应，我努力提醒自己，我并不想用深入探查侵扰他。考虑到他的愤怒，我沉默地坐了一会儿，然后回到基本问题，意识到没有妻子的生活对他来说多么艰难，感觉起来多么混乱。他稍稍温和了一点——我能从他眼里看出来，但是他改变了话题："我想要杯茶。"我开始意识到，他的病，或者是他的病和他的人格的综合作用，使他无法长时间保持一个思路，就好像他在思维的不同房间进进出出，不断地在它们之间转移，因为它们都没有家的感觉。

回顾戈登的事，让我重新思考关于老年和死亡的更多观点。我过去经常听说年龄的增长互换了父母和儿女的位置，使得儿女来扶养父母。如果他们的关系原本紧张，那将会雪上加霜，父母会成为孩子真正的负担。我没有充分思考过这对于父母意味着什么，那将是多么可怕的一件事，他们会感觉自己的权力和能力随着时间慢慢流逝，他们越想控制，事情就越是失控，小事会在心里被放大。

接下来的几周里我继续跟戈登见面，想知道他在临终关怀医院情况怎样。"我挺喜欢那儿的，但我总是要在等待上花好几个小时，等待咨询师，等待理疗师，我几乎没有空闲。我今天在这儿三个小时了。我受够了。"他回答我的时候激动地踢着腿。

戈登说话的时候我意识到他有足够的理由生气：他不仅忍受着疼痛，行动不便，而且失去了生活中几乎所有亲近的人。他是幸存者，但同时他也是孤独的人。八十多岁的他，失去了妻子、六个兄弟姐妹和大多数朋友。“除了我的儿子们和他们的孩子，我不见任何人。我妻子喜欢召集大家但我嫌麻烦。我是个可怜的饭桶，而且我活够了。”我听过他所有的矛盾：他不想浪费时间因为他的预期生命有限，但同时他感觉凄惨孤独，不确定自己是否想活下去。他已经没有心理能力认识到：他需要同情理解，需要有人在他说着什么的时候给予一个简单回应。我要尽力跟他保持联系，不能让自己被他的愤怒推开，他疏远他人的力量加深了他的愤怒，我尽可能对他做出最好且最简单的回应，尽可能让自己的声音更温暖，这似乎能安抚他。

经过几周面谈，我开始了解他的生活。我听到了一些片段，仿佛他内心记忆的微电影剪辑。他在讲这些故事时会穿插一些令人舒适的沉默，有时他还会打个盹。他变得安静了很多，但我不确定这是因为他对我更熟悉了，还是因为谈论往事令他愉快。“我是个坏小子，一个不良少年，一个小混混，我干过仗……我出来的地方有好多帮派，格拉斯哥凯尔特人和格拉斯哥流浪者——你要么是芬尼亚的混蛋要么是奥兰治的恶棍，而我们之间斗殴不断。我们只要看到另一伙人，就破口大骂，扔砖头砸瓶子，把他们引过来然后抓住他们乱打一通。离开的时候我们身上可能就只剩 T 恤或羊毛衫的一部分了，诀窍是一定要够快。大点儿的男孩可能挨打更多；我当时瘦小，跑得快。如果你觉得快被抓住了，那就下个绊子然后赶快逃。大部分情况下只会有点儿擦伤，很少会伤得更重，如果你跟着人群跑，你就会跟着人群一起被打。也总是会有人在那儿制止这一切。在当时，那些人是老派的警察，可不好惹。”他说话的时候手动个不停，比画着他以前是怎么挥出拳头的。

他给我讲了一个他十八岁时的有趣故事。他为了学做工匠想辞去本地高尔夫球场的管理员工作，这工作的优厚待遇包括提供房子。这是个冒险的决定。他问父亲是否同意，父亲鼓励他说：“跟着你的心走吧，戈登，因为你不习惯依靠大脑做判断。”当他回忆起父爱，脸上带笑，眼中含泪。

他成了一个好的匠人，永远有订单，从来不缺钱。他的最大爱好是待在荒野里和赛鸽。两个爱好都是他在儿时喜欢上的。“我常常跑去奶奶家——几英里外的一个小矿村。村子后面有一片荒野。我会去荒野，一个人玩几个小时，看着那些黑色的雄松鸡。我叔叔去偷猎鹧鸪的时候会带上我。他会扔一张大网来罩鹧鸪，罩住的鹧鸪足够装一锅。那里有零星的矿山，老煤洞，恐龙一般的巨大的矿山机械。我经常坐在那些机器上，尝试让它们移动，我坐在里面玩……”然后，他的注意力会转回现实和他将死的事实：“无论如何，荒野是我最好的药。如果我倒在地上，最后闻到的气味是石南和潮湿的苔藓，那我是个幸福的人。”

我想知道更多关于他赛鸽的事，他告诉我时骄傲地笑着：“我的房间里有很多银质奖章——我赢过很多比赛。”但他更多的动人回忆来自他的童年，而且也是关于他的爸爸——一个钢铁工人——的。“我们蜿蜒直上钟楼的圣玛格丽特礼拜堂顶，接近大钟的顶部，掏鸽子蛋，我爸爸称之为‘在神的安排下’从小教堂里‘获取神圣的鸽子和它们神圣的蛋’。这些鸽子飞得更快。”在回忆这些时，他看起来很开心，甚至仿佛被带回了那个记忆中的钟楼。“钟被悬挂于大大的橡木横梁上，有一天他把我们的名字刻在了那古老的横梁上。横梁现在应该还在那儿，落了灰。”

我开始描画他曾经的鲜明形象：善言，潇洒，骄傲，坚强。他是你希望与之并肩作战的那种男人：忠诚，有趣，战斗时会竭尽全力。他的男子气概在战斗中可以保护别人，但这实际上也是一种顽固。我意识到，第一次见他时，他说话的简明扼要加上他所处的痛苦，让他发射出令人难以抵挡的强力迷你导弹。要和他待在一起而不是从心理上撤退需要许多勇气。然而，在这种防御气场之下，他是一个深爱他的妻子卡萝尔逾五十年的男人，深受家人爱戴。他的心是温暖的，只不过被他近来的不幸和痛苦所掩盖。

我好奇他的精神生活。他有信仰吗？他认为死后将会遇到什么？他被当作一个天主教徒养大，却不是经常去做礼拜的人。“我每晚跪在床上祈祷。”克里斯托弗·罗宾的形象不由得浮现在我脑海中，我突然能想象出这个老人跪着祈祷了几十年的样子。他现在每晚为妻子和自己祈祷，听起来耽于默想和平静。“蒙主所赐，蒙主所取，但主似乎取走太多。”他说这句的时候略带调皮地看了我一眼，就像一个小男孩被神父在身后狠敲了下头时想做什么但不能做。随后，戈登似乎忘记了自己要说什么，他的头垂向胸膛，我无法确定他对天堂的看法，但看到了他的真情流露。

几个月之后，戈登更加沮丧，他的左臀部非常疼痛，这使他无法行走。他现在坐了轮椅。他去了当地医院接受了他称为“白痴”的治疗——初级医生显然不了解任何事，几乎没对他做任何检查，只是给他止痛药。“你对一条狗也不该这样……”他低下头，低声狂躁地说道。我知道，他的暴怒既是因为他们的治疗无效，也与他们对他的态度有关。以貌取人是有可能的——只看一眼就判断这个人是需要尊重还是毫无价值、无须关注。我问他现在需要什么——什么最能帮助到他，他说：去看该死的医……算了，受不了了负责组织核磁共振成像的会诊医生有“不好的感觉”。我毫不怀疑他的经验判断将被证明是正确的。

会诊医生的判断是正确的：骨癌，已经全身扩散。戈登说：“我已经全面失控了，我控制不了任何事。”解决一个问题带来了另一个新问题。从医学上来看，他们已经无能为力，现在的目标是让他感到舒适和不痛苦。会诊医生对他说：“你大约还有几周或数月的生命。”我总以为他们说几周或数月的意思其实就是几周，这么说只是为了不直接说出他们的真实猜测，因为你永远无法确知。离开的时候，我看到戈登的轮椅背上有一句标语：“活着的艺术就是尽可能永葆童心地死去。”我笑了：他从来都是一名战士。

我再次拜访临终关怀医院时，戈登在病房里卧床不起，旁边还有五个病情差不多的病人。他的儿子陪着他。尽管他看起来很虚弱，脸色蜡黄，但精神似乎好了一些。戈登用明亮的蓝眼睛给了我一个温暖的微笑，骄傲地向我介绍他的儿子，也叫戈登。戈登告诉我他们决定用常规吗啡泵来止痛，这对他来说是很大的安慰。

显然，他有了一个很大的心理变化。他停止了生存之战，对死亡的接受令他安静下来。他的当务之急是安排自己的后事。“我想自己打造自己的棺材，但我没有力气，所以我选了我能选的最好的……我选好了自己的墓碑：上面有我的名字和一只蓝雨点鸽。我要葬在卡萝尔旁边。”

我在的大部分时候，戈登在睡，但是我知道他已经领圣餐了，这是一个大胆的决定，因为，尽管他一生都在祷告，但他在年轻的时候就已经不领圣餐了。他在和他的死亡和解，而天主教信仰安抚了他。不想讲话的时候，他会背对我，看他儿子给他下载的巴斯特·基顿的电影。

意识到除非奇迹发生，我不大可能再见到他了，我想找个方式说再见。找到合适的词很难，但我无须担心——戈登为我们找到了合适的表达。“照顾好自己。”他拥抱我的时候说。我用同样的话回答他，就这么简单，但加上拥抱，千言万语尽在其中。

我无限感激戈登。他教会我很多，并在他走向自己的死亡时，允许我陪伴他走过深层的个人历程。意外的是有别于我的其他案例，我没有感到难过，相反感到放松，他度过了很长而充满意义的一生，其间充满了爱和很多美好的事，但是现在他感到足够了，并且是该死去的时候了。

几周之后，戈登的孩子好心地用短信告诉我他的父亲去了。他在一家临终关怀医院平静地逝去，周围环绕着他的家人。他告诉儿子：“我在死之前找到了天堂。”我想了解更多——每一个微小的细节，但他最后这句暖心的话就足以让我感到安慰。

反　思

Reflections

我们生命中的第一次呼吸标志着诞生的胜利，而最后一次呼吸则意味着生命的结束。我们都知道，我们会死——这是唯一真正确定的事情，尽管我们头脑中不可思议的力量把它变成了被保守得最好的秘密。通过琼、芭芭拉和戈登我了解到，他们不得不在对生命满怀希望和不被死亡预期击倒之间寻找微妙的平衡，他们不得不想办法接受死亡即将来临的事实。

当我们面对自己的死亡，我们必须面对一个事实，即这是那些爱我们的人的巨大损失，也意味着我们生命意义的丧失。尽管如此，也还是有好的死亡，当接受了对死亡的认知，当重点不再是为求生而努力，临终者是可以在一个安全的爱的环境中离去的，那是一种优雅、温柔的死亡，既无痛苦，也平和。那些为临终者服务的人，他们比我更有经验，点亮了具有独特亲密感的灯——在某人的死亡时刻陪伴着他。他们说这是生命中的那样一个时刻：那时，我们有机会被一个内心深处的旅程所充实，此间，我们不再寻求成功或认可，可以自由地成为更完整的自己。同时，这种死亡并非唯一的路，也并非适用于每一个人。有些人需要继续搏斗直到接近死亡，就像他们在参战——步兵在死之前不会停止战斗。并不是每个人都优雅和温柔。

琼、芭芭拉和戈登在面对他们的死亡时能够谈论他们的恐惧和愿望，部分原因在于我是一个专业工作者，而且是为着这个特殊目的而出现在他们面前的。可以想象，如果没有别人提出这些问题，出于对死亡的恐惧和无知，谈论这些对他们来说可能会更加困难。我们显然很少与他人就自己的死亡进行交流：48% 的人死在医院，其中 2% 的人这样做过。不到三分之一的临终者跟他们的家人谈过他们的愿望。没有经历过这种艰难谈话（是否进行复苏抢救，是否有生前遗嘱来帮助家属做决定，是否捐献器官）的家庭背负着更大的责任。家庭成员将会发现他们几乎不可能对自己所做的选择感到自信，不确定性是决策过程中最令人痛苦的方面，而任何临终医疗的结果都存在着不确定性。

我在临终关怀医院度过的时光教会了我，在我们真正面对生命终结的很久之前，我们就都应该试着去谈论、计划和准备死亡，它帮助我们深入挖掘并发现我们为什么会对死亡怕得要死。如果我们静静地坐着，找到我们对生命和死亡的信念，找到一种与我们最亲近的人——尤其是那些想要我们活下来的人——的交流方式，谈谈我们的愿望、我们的思想和我们的恐惧，我们的恐惧也许会消散。同样需要认清的事实是，即便反复交流，当死亡迫近，我们仍会觉得猝不及防。对于那些能够从努力求存转变到接受死亡的人来说，这是一个悲伤的过程，与其他悲伤的过程没什么不同，当一个人因为失去了他所希望的未来而感到痛苦时，它就会发生，并且想办法接受他们有限的未来。

如果我们选择相信某些东西能给我们的生活和面对死亡带来安慰，我们承受的痛苦可能会少一些；如果我们选择和周围人讨论我们的死亡，他们承受的痛苦可能也会少一些。在那一刻到来前，没有人知道临终感受是怎样的，但是我们的确知道，在我们所爱之人的临终时刻，我们在场或缺席的记忆将永远刻在我们心中，同时，一个被人们在感情和理智上认知一致的死亡会相对容易被接受。

我从经验中了解到，总会有一些人无法谈论他们的死亡，他们需要他们的心理防御机制严格就位。他们意识到死亡带给他们不可克服的恐惧，所以否认成了他们唯一的选择。要知道，即使是那些在否认的人，也可能通过隐喻来表达自己的恐惧，因此当这些隐喻出现的时候，对我们来说，抓住线索很重要。那些不谈论死亡的人，他们有些人在那个时刻来临时会愈加痛苦：他们不仅会因为输掉了这场必须要赢的战斗而痛苦，而且会对死亡产生更大的恐惧。不过，在完全的否认之中，人仍然有可能获得好的死亡。

我们大多数人都见证过医学的奇迹。它每年挽救数百万人的生命，但它的成功给我们带来了对其局限性的错误印象。一种致命疾病的发展轨迹一旦越过了临界点，它就只能通过医学干预被稳定一段时间，却不可逆转。患者和家人难以接受，总希望尝试更多的干预和治疗，相信他们会是那奇迹般活下来的百万分之一。考量一种医疗方式，比如化疗的死亡风险和疾病本身的死亡风险，这样的程序使得相应的决定非常难做。医学的艺术就在于此：医生需要和临终病人及其家属协同合作，确保共同决定这些极度复杂问题。

在为那些有深爱的家人面临死亡的家庭进行心理指导时，我除了建议他们彼此坦诚交流，还传达了这样的核心信息：他们应确保自己毫无遗憾。他们应该共度时光，平静地回忆或保持沉默，拍照，写日记，把外面的世界放在一边，仅与少数亲近的家人和朋友相见，关注他们深爱的那个人，因为分分秒秒皆珍贵。这些将在他们死后成为留给生者的慰藉。

我们都知道，如果我们允许自己思考死亡，我们会想要自己死得没有痛苦、归于平静和拥有尊严，我们不想孤独地死去——我们想要在爱我们的人身边，想在自己感到安全的地方。我们不想被扔进医疗系统，在那里，我们个体的人性在保命的搏斗中丧失殆尽。如果我们能接受即将到来的死亡，接受它的艰难和复杂，我们或许有机会塑造我们自己的结局，这可能也意味着我们不会那么恐惧。我们无法决定结果，但我们能确保利用一切可获得的支持让它变得可以忍受。

值得再次提起的是，谈论死亡的一个关键障碍是一种奇怪的思维——谈论死亡会以某种方式加速它的到来，或者，讨论死亡就是放弃求生。这就是为什么我们要在面临死亡之前进行那些谈话。

死亡焦虑

我们对死亡的态度很可能反映了我们的生活状态，如果某人在生活中愤愤不平，他接近死亡时也很可能如此，反之亦然——我们的人格特征在接近死亡的时候往往会被强化。

许多人对死亡有消极的态度，意识到自己的死亡宿命和死亡迫近的感觉会导致其高水平的死亡焦虑。

个体在反思自己的生活时，要么获得满足认同感，要么认为自己的生活缺乏目标和意义。意料之中的是，对生活满意并认为活得有意义的人会比认为自己的生活没有目标的人焦虑水平低。

有人在经历了他们所爱的人的死亡后，死亡焦虑会增加。因为这样的事件会引发人们对自己的死亡的思考，并增加了他们思考自己的死亡的时间总量。

为了控制死亡焦虑，许多防御行为被使用，比如努力把自己从关于死亡的沉重思考中转移出来，否认自己面对死亡时的脆弱。有人认为正是这些防御机制导向了一个观念，即死亡是可怕的，应该不惜一切代价避免死亡。

然而研究表明，那些经历过濒死体验的人往往宣称他们不再恐惧死亡。我经常发现，那些失子的人不再恐惧自身的死亡。

接受死亡

研究表明，接受死亡的人是那些为生活的终结做好了心理准备的人，他们意识到自己的死亡宿命，并表现出积极的情绪反应。

然而有一种可能是，一个个体能接受普遍的死亡同时却拒绝接受他们自身会死亡。例如，一项研究调查了人们对他人死亡的看法与对自己的死亡的看法，比较发现，参与者通常会对自己的死亡的可能情形给予不切实际的描述，随后又对他人的死亡给出现实的描绘。

一个人对死亡的态度可能与其生理和心理健康有关。这为研究结果所支持，即那些心理健康水平较高的人往往表现出的死亡焦虑较低。可以看出，对死亡的接受对健康、生命力和幸福感有普遍的积极影响。

宗教的作用

宗教在人们对死亡的态度中起着重要作用，无论哪种宗教信仰都可以缓解对死亡的恐惧。许多宗教都强烈关注来世，令信仰者认为死亡并不是什么可怕的东西。宗教人士表现出对死亡的接受，是因为他们相信会继续活在幸福的来世。

社会支持的作用

情感上的支持是最重要的社会支持，对于芭芭拉、琼和戈登这样的人来说，与关心他们的朋友和家人的关系最显著地影响着他们的死亡焦虑水平。社会支持有助于提高个人的自尊，它被证明能在死亡迫近时减小令人不悦的生存压力的负面影响。高自尊者和有良好社会支持网络的人表现出的死亡焦虑水平较低。

生活在公共机构中的老人被发现有很高的焦虑感，尤其是那些身体上和精神上都很脆弱、自尊感很低的人，自尊心很低，感觉自己的生活没有什么意义。

只有这一点在所有的研究中都是一致的：那些感觉自己的社会支持低的人表现出了较高的死亡焦虑。

抑郁

人们经常问我悲伤和抑郁之间有什么区别。尽管它们感觉起来可能很相似，但过程是不同的。悲伤是对外部事件的被动反应，而这种反应引发了一种属于它本身的完整过程。抑郁很难定义，但是简单说更类似于一种持续的消极或焦虑的感觉，可以来源于大脑中的化学物质失衡。即使我们处于悲痛的过程中，我们也会有一些时刻感到快乐和幸福。在抑郁中，空虚和绝望的感觉是无尽的。复杂的悲伤有抑郁的性质，包含自杀倾向，需要专业关注。但在心理层面，我们不可能对它们做出确切的定义，因为研究表明，15% 的心理疾病的根源在于没有解决的悲伤。

如何帮助：
应对悲伤，
我们需要做的事

What helps:
the work we need to do to help us grieve and survive successfully

爱和努力……努力和爱，这就是全部。

——西格蒙德 · 弗洛伊德（Sigmund Freud）

人各不同，所以我们无法给出明确的、规范的帮助行为列表。下述指导也仅仅说明，一般来说，在生命中如此艰难的时刻，什么能够帮助我们。我们需要确保在精神上和身体上定期完成一些事情来帮助自己应对悲伤。在开始的第一周以及前面几个月，对一些人来说这似乎很难做到，但对另一些人来说却不那么难。

我自己创造了“力量支柱”（pillars of strength）的概念，它是支持我们、让我们重建自己生活的最关键的精神构件。建造这样的支柱需要我们付出努力——它们不会凭空出现——并拥有继续前行的决心。力量支柱是作为有机整体发挥作用的，所以我们不能只关注某一根力量支柱而忽略了其他的。它们需要我们的注意力和时间。而努力建造它们的结果是它们提供的力量会成倍地增加。

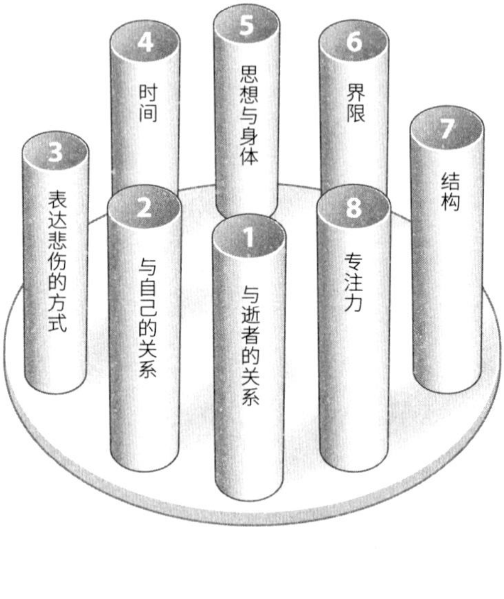

力量支柱

Pillars of strength

1．与逝者的关系

与逝者的关系的亲疏和对逝者的爱的深浅是我们痛苦程度的决定性因素。逝者在我们的生活中越重要，我们越爱他们，我们就会越想念他们。这里的一个矛盾是，如果我们和逝者之间的关系复杂，而逝者又是我们生活中有着重要意义的人，这将会使悲伤的过程变得更加艰难。因为通常这类悲伤会伴随着后悔和没机会修正过去的痛苦。

我们在案例中看到，有时候生者与逝者的关系会以一种畸形的方式继续存在。逝者会在身后得到比生前更多的爱。

有些人会为了延续与逝者的关系大费周章，而有些人只是偶尔或者在特定的日子，例如纪念日，做些什么。我们的支持系统中的一个中心支柱就是寻求这段关系的外化。

- 可以是穿戴一些和他们有关的物品。比如说他们的手表，一枚刻有他们名字的指环，或者一件他们的衣物，例如一条围巾。
- 去扫墓。
- 制作一个记忆盒子，在里面放上有纪念意义的物品，比如说他们的眼镜，或者贺卡、干花。
- 制作一个相册。
- 为他们写一篇日记，或者一封信。
- 做他们爱吃的菜。
- 上传一张你知道他们很喜欢的照片到网上。

有很多方式达到效果。找到一个外化的表达方式，通过定期的仪式来延续这段关系不仅很重要，而且被证明可以减少负面情绪，增加正面情绪。

随着时间的流逝，进行仪式的频率可能会减少。

2. 与自己的关系

悲伤改变着我们与外界、他人的关系，也改变着我们与自己的关系。我们需要自我同情，倾听自己的需要，对自己宽容，避免以频繁的自我批评为形式的自我攻击。我们需要认识到感觉并不是事实：比如说，感觉不好不代表我们就真的很糟糕。我们的脑子里可能有许多矛盾而令人疑惑的想法在跑来跑去。理清我们思绪的一个有效方法是写日记。把矛盾的信息写下来——比如说，对于死亡既感轻松又觉伤心——让我们能够看清我们与自己的对话，洞悉自己的内心。正确认识现状能确保我们得到所需的支持。普遍的研究证明自我支持与谈话治疗有同样的效果。

我们都需要防御机制，清楚地知道自己拥有怎样的防御机制非常有用。除此之外，我们还要弄清自己是否需要在特殊情况下建立其他机制。比如说，如果我们很容易在生气时崩溃，这可能意味着那时我们无法得到我们所需的帮助。我们就需要对此保持警惕，需要告诉亲近的人我们心里到底是怎么想的。

否认在悲伤的过程中是一种自然并且重要的自我保护。在悲伤的过程中，我们在心理上并不能同时处理那么多信息，但随着时间的流逝，我们对信息的接受程度会慢慢增加。

新的不幸可能会唤起过去的不幸的记忆。并不是我们失去了理智，也不是说我们之前没能处理好悲伤。这是正常的。

3. 表达悲伤的方式

我强烈呼吁大家都应该找到表达悲伤的方式，这方式本身是什么不重要。就像案例显示的那样，对一些人来说，表达悲伤的方式可能是与家人或朋友聊天，对另一些人来说可能是写日记，还有些人会画画，作曲，或者去见心理咨询师。没有什么所谓的对与不对，关键是要找到联结我们内心感受的方法，直视它们，然后表达它们。如果我们经常表达悲伤，便可以在应对痛苦的过程中建构出力量支柱，并因时而变。

4. 时间

在悲伤的过程中我们对时间的感受是不一样的，了解这一点很重要。

给自己比平常更多的时间去做决定，不管是立即要做的决定，比如说葬礼（除非有宗教规定），还是长期的、关乎生活的决定。因为无力感太强烈，我们很可能在采取行动时感到很大的压力，但是如果想避免后悔，让时间来确保我们做出最合适的反应是有必要的。

悲伤的过程比大家希望的都长，我们不可以和它对抗，只能寻找帮助自己渡过难关的方法。当我们试图将它拒之门外，我们是在向生理和精神疾病敞开大门。但积极面对的话，时间会减少痛苦的浓度，我们总是会自然地调整自己，重新回到生活中去。

我们和时间的关系变了：未来看起来可能令人绝望，我们可能会渴望回到过去。我们唯一能做的就是把眼光放近一点，关注每一天，每一周。

5．思想与身体

另一个中心支柱是我们的思想和身体。这两样东西会因为我们爱的人的逝去而遭受巨大的创伤。神经科学告诉我们，我们的每一个想法都会引发身体可以感受到的生理改变。思想和身体相互作用的程度太高，以至于他们被叫作“身心”，一个互相缠绕的共同体。神经科学家这样描述：“身体记得一切，身体决定一切。”意思是我们的身体会记住我们所有的经历，然后无意识地影响我们的思维和我们所做的决定。悲伤带给我们的痛苦，也因此可以被在生理层面感受到，并影响我们的思维和行为。这和经历恐惧时的感觉相似，它会使我们的身体系统处于一种高度警惕的状态，我们给自己设定一些行为准则，为自己提供情感上的帮助。我们越习惯于实践这些行为准则，它们就越有用。这些行为准则包括：

· 做有氧运动以减轻恐惧，例如跑步、走路等。

· 进行放松 / 冥想训练以帮助自己应对焦虑。

· 规律进食，避免摄入大量糖分、咖啡或者酒精，因为对它们的大量摄入会让身体机能达到顶峰，然后崩溃。

6. 界限

当我们经历一场足以改变生活的死亡时，它很可能会影响我们的工作表现以及社会环境中的反应。一个重要的支柱是认识到说“不”的力量。当我们认真评估一个情况，发现它对我们并不合适的时候,我们要有自信说“不”。而反过来，这其实增强了说“可以”的分量，因为当我们可以恰当地说

“不”时，我们的“可以”就会变得更加肯定。朋友和家人在我们悲伤时有可能变得很有掌控欲，极其希望我们赶快回到生活的正轨。但是没有人知道我们的界限在哪儿：关注它并把它清楚地表达出来是我们该做的。

7．结构

在悲伤的混乱中，我们可能感觉我们的世界失去了平衡。因此，建立一个结构的支柱是很有帮助的，不过需要其有比较大的弹性，因为过多的控制性行为可能会适得其反。

养成一系列好习惯：

· 记住锻炼是第一要务。

· 工作或者做些家务。

· 用些时间回忆逝者。

· 主动选择做一些令人安慰、令人冷静的事，比如买漂亮的花、做按摩、烹饪美食、看舞台剧、听音乐、阅读（尽管有些人需要很长时间才能专注于阅读）。

· 按时睡觉。

养成一系列好习惯益处多多：做得越多，感觉越好。养成一个好习惯大概需要六周时间，之后我们便会习惯成自然了。

8．专注力

悲伤会停留在身体里。人们通常会将它描述成“如鲠在喉”或者“解不开的心结”。它有时候会让人感觉手臂、腿部和头很沉重。通常，当这种身体的感觉无法形容时，专注可以帮助我们找到恰当的词语。在案例中我提到了帮助来访者视觉化他们的感受，这就是我用到的方法。

“专注”是一个帮助我敞开心扉，释放人的身体智慧的技巧，而你自己也可以做到。我建议你将自己的注意力转向内部，抓住你身体里模糊的感知，然后吸气——“专注”于“感知”。这会给你意识之外的信息。

下面是我指导来访者遵循的步骤，你也可以自己试试：

· 闭上眼睛。

· 深呼吸，慢慢呼吸，鼻子吸气，嘴巴吐气，三次。

· 将你的注意力向内投射。

· 将你的注意力在身体里上下移动，直到你找到感知最强烈的地方。

· 将注意力集中在那个地方。

· 找到能够描述那个地方的词——它有形状或者颜色吗？它是硬的还是软的？

· 如果你感知到的这幅图像会说话，它会说什么？

· 跟随着这幅图像去到它想带你去的地方。

朋友和家人可以做什么

How friends and family can help

不要走在我的前面，我可能会跟不上；不要走在我的后面，我可能无法引领。就走在我的身边吧……做我的朋友。

——阿尔贝·加缪（Albert Camus）

人需要他人。我们生来相互关联。我们需要他人与我们一起活着分享我们的快乐，或者就是陪我们前行。同样，当失去亲人的时候我们需要陪伴。我问过许多失亲者，重建生活最重要的因素是什么，他们中的每一个人都说，“是我的伴侣”“我的父母”“我的朋友”“我的兄弟姐妹”。它可能是某一种亲密关系，也可能是许多亲友扮演的不同的角色。只有和关心你的人一起，你才能铺平重建生活之路。以下是我领悟到的以及我通过询问他人得知的一些内容。

我一直都很清楚，那些失亲者的亲友非常希望施以援手，问题在于他们不知如何帮忙，生怕是添乱或帮了倒忙，于是袖手旁观。我希望下述态度、方法和观念能帮你获得自信，克服类似的恐惧去接近失亲者而不是回避他们。

还有一个潜在的心理障碍是失亲者的亲朋好友需要克服的。当一个万分痛苦的人身边有其他人出现时，他的痛苦会通过身体传递给周围的人，就像是一种痛苦的信号。它可能会引发他人的身体不适，让人感到害怕，尽管有些人只是意识到他们有一种“古怪”的感觉。这会是一种令人很不安的感觉，许多人的本能是阻止它，让它不再出现。这就是为什么失亲者常被告知要“修复”自己重新加入正常的生活。而有些人只想逃离不幸之源，他们的选择是拔腿就跑。

1．倾听

做一个准备好花时间倾听和理解朋友所经历的不幸的人。倾听是关键。你可以成为他们经历的见证者，允许他们烦躁、困惑或矛盾，也或者压根儿什么都不说。每当他们再一次讲起他们的故事，或者再一次被倾听逝者对于他们是何等重要，他们负载的痛苦的包袱就会再一次减轻。让他们说啊、说啊、说啊，让他们讲述他们的故事会带来变化。让他们相信你想了解更多。当你真正理解了逝者的特殊意义，你对朋友就有了特殊意义。每个人对联系的紧密程度有不同的舒适度：你与之通电话、见面的频率，或许每周，或许每天，甚至可能是只隔几个小时。开放性问题意味着答案会相对多样，要比诸如“你难过吗？”这样只能回答“是”或“否”的问题要好。或者，你可以以对逝者的想念来开始谈话，说出他们的名字，然后让朋友主导谈起他们。

我问过我的一位失去母亲的来访者丽贝卡，失亲者的朋友该有怎样的意识。“敞开心扉，愿意谈论死亡、逝者和不幸。写信或打电话时，不要试图掩饰悲伤，把它说出来，为你的感受寻找字词。如果有些事在你的生活里留下了裂痕，说出来；如果你为他们心碎，说出来；让他们告诉你他们的感受，而不是试图消除它们。”

一个失亲的女儿，凯蒂，更坦诚地表达道：“我发现诚实会让人更感安慰和轻松，掩饰则很复杂，需要一定程度的情感和社会扮演，而那恰恰是我当时很难做到的。”同样，安东尼，一个失亲的父亲对我说：“你也无须因为我正悲伤而戴上不同的人格面具。做你自己，因为我在未知之境，急切寻求熟悉的东西。我需要熟悉的朋友做我前进的石阶和灯塔。”

埃玛，失去了父亲，很清楚自己的需要：“人们常常低估了‘仅仅作为朋友在那儿’的意义。他们认为他们需要用不同的方式来‘修复’你，却没有意识到那样做是在侵入你的精神空间，而不是支持你，这让你意识到自己实际上不大对劲儿，看起来是需要被‘修复’的——这都是在提醒你要表现得正常起来，好让他们停止帮助。”

关于对待新近失亲者，最重要的友情原则是什么，埃玛阐述了她的观点：“他们是那些能让你顺其自然的人，不指手画脚，在你需要的时候给你拥抱，在你哭泣的时候给你可依靠的肩膀和安慰，给你熬汤，在你静静哭泣的时候陪你坐着看电视，不会劝你别哭，只是握着你的手，时不时握紧它——不用你说他们也能明白，你只是想哭哭，哭够了想睡的时候会停下来，而他们安静的存在就会让一切不同。”

失去了妈妈的罗莎说：“我有时觉得，我们的心里就像装了一篮子的回忆和悲痛，每次有机会讲出一个故事，篮子的分量就会减轻一点。我记得我母亲去世时，是在一个距离伦敦几英里的地方，我当时的一个同事——她从未见过我母亲，我认识她也还不久——抽了一天时间，开车开了很长一段不容易的路，出现在我母亲的葬礼上。我没想到她会来，但她的出现是我至今（已经过去三十六年了）念念不忘的，是最让我感动的，这意味着，回到伦敦后我可以跟她交流失去母亲的悲痛。这段经历始终提醒我，你永远无法确切地知道怎样帮助悲伤中的人，但你要去尝试，不要畏惧尝试。”

请接受、理解和鼓励你的朋友，因为他们值得你这样。失去了孩子的彭妮说：“我记得我很焦躁，述说着我多么惊讶自己竟然依然和当时一样悲痛。我的丈夫回答我说，他认为我会一直为此悲痛，而那件事也会让人永远悲痛。他如此理解我，这让我再一次接受了现实。”

2．这不是你的事

跟随哀悼者的脚步，或许他现在还不想谈论他的悲伤，或许是不想跟你谈。正确的做法是说些什么来认可他们的不幸，但接下来让他们自己决定自己的需要（他们还活着），选择谈还是不谈。如果他们请你来陪着，或者对你敞开心扉，那你就去。如果他们真的不希望你登门，或者不想在那个特殊时期与你一道面对这些，那你也不要强人所难。不要把你的交谈、通电话和其他联络的需要跟当事人的需要混为一谈。人们需要有时间聚焦于逝者，聚焦于自己的痛苦与悲伤。

丽贝卡给我举了个对她毫无帮助的好朋友的例子：“我曾

需要请朋友和家人在特定时间和地点陪我服丧（犹太教的一种哀悼传统），有两个亲近的人在这些时间不方便——他们坚持要在那天的早些时候在另一个他们方便的地方见我。我非常不愿意那样，因为我担心自己会崩溃或太过情绪化，同时我还要帮助孩子处理家庭作业和晚餐。我解释了这些情况，但他俩不以为然。他们还是来了，谈起我母亲的离去，谈起种种我当时试图搁置的话题。显然，这个拜访更多只是为了敷衍了事，而非给我真正的安慰。”我总结一下："这不是你的事"，如果你是个朋友并且真的想施以援手，就要记住这一点。

提问大有讲究，很大程度上取决于提问的动机。要明白，别把自己变成交通意外伤害的诉讼律师，问题应该是你的朋友真正想谈的—— 一种探索性的，敏感的，想了解他们更多经历的问题，而非侵入性的搜集信息式的问题。

多年前失子的薇姬，用不同的表达说出了我听过无数遍的话："悲伤的人的诸多痛苦之一是不得不去费心照顾那些不知如何对待我们的人。我们已然在为劫后余生而挣扎，保存我们仅有的一点点能量，这样的情况下还要去为他们的过失买单，这若不是残忍就是荒谬。”失亲者的朋友和家人感到的尴尬会很快散去和被接受，人皆希望和谐相处的社会风气占了上风。然而，正如薇姬明确表达的那样，事情过去很久后这种愤怒还是会留在失亲者心里。

3. 认可

死亡不会传染，但失亲者可能会这么想，他们以他人眼里流露的恐惧进行揣度。人们疑虑该不该上前，该说什么，会不会说错什么——于是，他们最终缄默不语。所有这些源自一种认识，即你应该说那些有益的话，你要有足够的智慧来减轻痛苦。但是，你不能。同时，你也无须。有足够的善意勇于认可他们和失亲者的处境，这就够了。

请在他们需要的时候陪在他们身边，建议他们给你电话，在那个时候需要很多朋友是非常正常的。最好是你主动联系，然后遵循他们的意愿：他们可能会需要见你或跟你交流，也或者不。因为觉得自己不够了解失亲者，所以人们经常不去联系。如果两害相权取其轻，那还是选择联系他们吧。

在你朋友的生活圈子里，有些人亲近些，有些人稍远些。没有什么是一成不变的——有时是患难见真情。但是面对并非亲密的朋友，有时失亲者释放一个微小信号或者在正确方向上轻轻一推就可能拉近彼此距离。我之前说过，失亲者不必努力经营关系，但有时，这样做会为失亲者赢得一个真心挚友，让他对失亲者的生活有所帮助。

有些人努力地拒绝摆脱痛苦，在这样的情况下，作为他的朋友的你其实是无能为力的。但是你可以带着同情和善良接近他们。最好的选择是，当你第一次见到他时只说你“很遗憾”，而不是从房间的另一头尴尬地盯着他看。

卡蒂亚，丈夫在二十年前自杀身亡，她十分清楚地记得当时朋友们的反应：“在他死后，我从未感到人们回避我，相反我感到的是大家对我巨大的善意、体贴和爱。有时，我觉得他是如此为众人所爱，他们将对他的爱转移到我身上，直到现在。我极大地享受这种爱和善意，但在同时以及几个月后，我觉得自己似乎体无完肤，受伤如此之深，却无人与诉。”

埃伦告诉我她的母亲去世后她感到众人很回避这件事。而父亲的去世则完全不同，她的朋友们都能承认这件事的发生并谈论着。“母亲过世一周后我销假回到办公室，没有人问起我缺勤的原因。如果我们之间有了隔阂，一种陌生和别扭的客气，那是因为我的同事们的失礼。我不仅怀疑他们隐藏了对我有可能突然崩溃的焦虑，而且怀疑他们的同情混杂着对我的评价。我的母亲并非像一般父母那样寿终正寝，而是年轻时便死于可怕的令人讳莫如深的酗酒。三十年前，毫无疑问，大家都知道这种死亡会带来羞耻和谴责。不知为何，我感到了落在母亲身上的羞耻和谴责，我很少感到如此孤独。无论如何，失去父母都像失去了身体的一部分，这是一种失衡，失重，令你天旋地转，给你致命一击。除非经历过，否则你不会真正知道那是什么感觉。”

“多年之后，我父亲也过世了，那段经历则完全不同。在他临终前的九个月里，我们发展出了刻印在彼此心里的令我们能够互助的亲密关系。我们讨论了爱、死亡、希望和恐惧，无话不谈。当最初的几天过后，我有勇气跟有同样失亲经历的朋友谈起来时，找到共鸣的轻松甚至让我破涕为笑，给了我无可替代的支持。”

4．实际帮助

爱莎，失子的母亲，告诉我说她的男性朋友对她帮助比较大，他们会“顺道而来，问我‘还好吧？’我号哭的时候他们会陪我坐着。我喜欢被一个男人控制，我需要一种男人的力量”。薇姬，孀妇，发现男性朋友能给她更睿智的实践建议，或者能来跟她儿子踢球。男性朋友尤其喜欢被赋予特殊任务。

但是男人和其他男人一起可能会变成“绝望”。鳏夫博比说：“说起这些，男人比女人更糟糕，我有过一次和两个男性朋友的特别糟糕的晚餐——他们根本没法儿与我谈话，我提了五次（他的妻子的）名字，他们都对此没有反应。”五次提起五次拒绝，我知道沉默并不意味着他们有伤害或激怒的动机，而是来自感觉无助的不适，但如果他们能鼓起勇气倾听，将是在给予朋友一个强大的礼物。

做一些实事往往更有用。不要说“需要帮忙请开口”，直接做些实事。变故之初，到来的人可能很多，带些食物来可能就是你最好的帮助。保证变故初期的饮食非常重要，它会使你因此备受青睐。无数人告诉我他们多么感激他们的朋友，因为朋友保障了他们的饮食起居，在他们自己根本无法“运转”的时候组织起他们的生活。你可以预订一个按摩，可以帮助照料孩子，因为他们的父母要忙很久，最后会筋疲力尽。

我多次听说一个朋友群如何排出轮值表，为那些亲密朋友的临终，或他们的父母、丈夫、孩子的故去提供帮助。他们轮流去到那里，陪伴散步，带去食物。这是一件特别的由团队集体支持并持续的事。悲伤中的人常会担心自己带给朋友太大的负担，但如果他们感到责任可以在群体中分担，忧虑就会少一些。

安东尼娅，丈夫死于自杀，她告诉我：“有种被贴上了自杀标签的感觉。我走进一个房间就感觉所有人都畏缩了，好像我是不洁的，或自杀会传染一样。我能想象出那些‘她就是那个……’的鬼祟耳语和惊慌恐惧。在失亲者无法躲藏的情境中——体育比赛、家长日、聚会——人们的善意是非常重要的。在这些特别的家庭活动中被其他家庭接纳会给失亲者带来最大的帮助。”

讲述逝者的故事，或发送照片和录像都是弥足珍贵的，贵如黄金。这像是给失亲者的礼物，仿佛逝者留给他们比现在更多的礼物。丹尼，鳏夫，说："发来我没有的照片和录像，给了我更多的和她在一起的时间。和他们交谈，他们告诉我我所不知的故事，能让她继续活着，因为我还没准备好送她走。"

幽默是有风险的，因为可能会出错。但如果你很了解你的朋友，分享些有趣的事不失为一种可喜的解脱。对每个人而言，哭和笑都是两种离得很近的情感，所以如果你和朋友的笑到最后变成了一种健康的哭泣，不要惊讶。如果发生了这样的情况，无须担心，和正确的人在正确的时间的黑色幽默会成为所有痛苦中的可喜解脱。失子的波皮说："我的另一个朋友只想逗我笑，她没有强迫我笑，可是总发些傻得可笑的照片或视频，它们是如此滑稽，让人忍俊不禁。有一个特别搞笑的视频里是些脱衣舞男。你一定要看，看里面特别好玩的一段，他们和着一首极其荒唐的歌，旋转并拍打他们的小玩意儿，歌词诸如'你喜欢我的沙啦啦……喜欢我的叮叮咚'，而他们都唱得煞有介事。它在我手机上存了几个月，不是因为我喜欢看那玩意儿，是因为它的滑稽总能让我的脸上露出微笑。"

有些人肯定会反对我下面说的话，但当我跟那些真有坏消息的人谈话时，我经常会骂脏话。"这简直太他妈的可怕了！”或者就是“该死！”我无法解释清楚，但咒骂似乎可以直抵心中的恐惧，而不是带着同情、字斟句酌地兜圈子，让人觉得傲慢。同样，咒骂可以到达人的愤怒感的中心。

5．诚实

要诚实。诚实令人欣慰而且容易把握。诚实有直接的简洁，可以避免悲伤中复杂的混乱，这对人们是一种巨大的解脱。对于你的能力也要保持诚实，不要因为做不到而感到内疚并遮掩。具体而言：要说“我两点半左右来”或者“我周二来”，而不要说“你想要我什么时候来，告诉我，我会来”——结果却发现你无法兑现。

6．敏感

诚实固然重要，敏感也不可或缺。鲁莽的诚实并不可取。珍妮，她的儿子是突然惨死，她给我看了一封这样开头的电子邮件：“我一直在想你……”然后便以轻快的笔调详尽描述她的孩子们如何茁壮成长和天天向上。谈论你健在的父母、配偶和孩子时请顾及失亲者的感受，这可能正是他们失去的关系。或者说，晒幸福要有分寸，否则就像是把自己的幸福建立在别人的痛苦之上。

7．长期关注

有人故去后，尽力记住与失亲者保持联系并给予帮助。通常失亲者的生活会在三个月后恢复正常。但这对失亲者来说绝不意味着结束。同他们发发信息或顺道探望都是对他们极大的支持。“我感到如此孤独”是我所常听见的哭诉。悲伤带来孤独。所有的思念、渴望和遍寻不见的感觉都像是极度孤独。温暖、关怀和人际交往会消除寒意。虽然并不能赶走痛苦，但是被联系着和被惦记着能帮助你的朋友忍受痛苦。

亡故发生数月后，人们停止联系遗属，原因之一是担心联系会唤起他们已然遗忘的记忆。在某个时刻他们可能不想跟你讲话，但要相信，他们永远不会忘却逝者。很有可能，这是他们头脑中占比最大的事情，比你以为的要长久得多。

我曾经面谈过一个母亲，伊丽莎白，她的儿子是四十年前死去的。她当然已经重新开始了她的生活并找到了快乐。她说：“听到他的名字让我感到温暖。我喜欢回忆，特别是在他生日和忌日。”保罗，一个父亲，儿子多年前亡故，表达了类似的观点：“对我来说，悲伤是带我靠近乔治的路，所以我不想回避它。这是我的悲伤，但是我不再畏惧它，正如不再畏惧乔治死后的那些黑暗日子。”

8. 写

信件、卡片、短信、电子邮件，无论哪种文字形式都极其有价值。不过，在给失亲者写这些时，最好附注无须回复，因为有些人真的无法回复。什么时候写都不嫌晚。在别人都已遗忘而你的朋友仍在悲伤的时候，晚到的信件是个惊喜。

写的时候力求个性化，避免诸如“她的一生很完满”或者“爱过，失去过”这样的陈词滥调，这些套话某种意义上无视了那些被深爱着的逝者的个性。你无须长篇大论地解释人为什么死亡或是关于死亡的神学探索，只需要写得有个性，表达爱、温暖和认可。

阿卜杜勒告诉我他曾收到这样的信：“谈到我的爸爸和他们记忆中关于我爸爸的点点滴滴，以及他们最喜欢他什么——我最喜欢的部分是关于他的古怪行为或性格特点的有趣逸事，那些让我开心、哭泣的事情，那些在他们记忆中挥之不去，令他们喜欢他、记住他的事情。”

短信用起来比电话更容易，因为它无须回应。我对于短信的使用建议是，如果这是你们之间的唯一联系方式，你们之间可能会有距离感，所以有时采用更直接的联系方式会更好。

当人们失去亲人时，他们没想刻意关注谁没有打来电话，谁说了冒犯的话。但他们会注意到这些，而且这的确会影响将来的关系。如果你在他们的眼中看到了不快，不要逃之夭夭。做个深呼吸，勇敢地说“对不起，我知道我说的话让你不快了”。这就是你要做的。

失亲者的需要可能是完全个性化的，一个来访者，母亲过世的科琳说：“不要急于谈遗产、帮助、解决方案。我发现人们会急于告诉我他们一直在，我将感觉到他们，他们跟我在一起。可是最初我什么都感觉不到，听到这些只会让我感觉更糟……就好像我哪里出错了，或者我在错过什么。”

另一个差不多年龄的来访者，简，也是母亲过世，说的正好相反：“我收到了一封信，如此扣人心弦。‘然而，某种意义上，这一段悲哀的日子成了一段快乐的回忆，她的生命的一个庆典。她也依然活在她的女儿们和孙辈身上，她的记忆镌刻在你们身上，这是一种精神的基因。在行动意义上，她可能已消失于你们的生活，但她依然和你们在一起，和她的后代在一起。人类存在的奇妙之处是，他们会将生命延续在活着的人身上，所以，她没有缺席，只是以不同的方式出现。’我特别喜欢‘以不同的方式出现’。这是一封美好的信。”

努力记住周年纪念日和生日。具体是什么日子并不重要——不管是故人的忌日还是例行节假日，你要做的是向你的朋友说句问候、发条短信、写张卡片或者看看他们。在那些失亲的朋友特别而格外艰难的日子里，他们很容易感到伤痛和混乱，以及仿佛游离于世界之外。他们可能感觉世界在向前发展，而他们的世界却停滞了，停滞在一年前。在他们感觉被遗忘时，你要记得他们，事虽小，意义却很大。

9．让你的朋友自己调整步伐

许多来访者向我转述过阿里的一段话：“记住，哀痛和治愈是在一个非常个人化的、不可预测的节奏里发生的。你能给朋友的最大帮助是，当他们踏着自己的步伐时，不要催促他们，反过来，当他们走得快时，不要议论他们。你只需和他们在一起，无论他们在哪里。”

莎伦，她的母亲曾经很长寿，表达了同样的观点，但是重点强调悲伤是永远不会真正结束的：“在我的历程中，我觉得最让我惊讶的是重新找到自我所花的时间。我的期望，我想我大多数朋友的期望，是我应该会快一些解决……而不是……这仍是我时不时要谈起的话题。而妈妈十二年前就去世了。”

在回答朋友应如何提供帮助的问题时，一个失子的父亲回答说，他的生活和悲伤是这样的："在回忆乔治的时候，我会去那里，那是现在我每逢乔治生日、忌日，或偶尔会去的地方。我喜欢与乔治有关的事突然浮现在我的脑海。那对我有益。”

在一定程度上，阅读本书的人恰好是无须阅读本章的那群人之一。你更可能是那种想知道如何能够尽可能帮助别人的人，而这让你本就能够自然而然地帮助别人。你倾向于做一个不武断的、清醒的朋友，并足够敏感地意识到你不可能对朋友的所思所想做出假设，他们的情况每时每刻都在变化，更不要说日复一日了。

我想联系到那些在道路对面的人，他们不去直视失亲的亲友的眼睛，做这做那，却独独不再提起逝者的姓名。我不确定要怎么联系到他们，但如果我能，我会说：认可，倾听，给失亲者时间。

死亡和临终在英国的历史背景 |

Historical context of death and dying in the UK

英国社会对死亡和临终的态度并非一直没有变化，二十一世纪以来已经发生了根本性的变化。在中世纪晚期，死亡伴随着庄严的仪式并被许多人见证，但在二十世纪，死亡被极大地否认和掩藏了。死亡的胜利是医学的失败，它因此成为终极禁忌。让我们围绕死亡举行仪式发生彻底改变的关键社会变化，是宗教的衰落、二十世纪的世界大战和医学的胜利。我们的世纪正在见证纪念死亡的新方式，我们对死亡的态度也在不断变化。

维多利亚时代以重视死亡著称但却不能谈论性，现在正好相反。维多利亚女王是最重要的榜样，她为阿尔伯特亲王的死而悲伤。她直至去世都穿着孀妇的黑色丧服，甚至参加两个女儿的婚礼时也是如此。维多利亚时代的妇女在丈夫去世后也会选择这样的服饰，进行这样的仪式。家庭成员通过面纱和黑布把自己从群体中分离出来，以显示他们的悲伤。那时基督教仍然在临终关怀中占据核心地位，临终之人通常希望有时间跟牧师一起与上帝进行私人交谈。死亡之后，葬礼在哀悼仪式中扮演了重要的角色，人们为死者立起了精心制作的墓碑。

第一次世界大战见证了历史上第一次大规模的杀戮，整个英国都被它的恐怖和死亡人数所淹没，战争死亡人数是七十万，世界范围内是一千七百万。紧接着是 1918 年的大流感导致英国二十万人死亡，全球死亡人数是五千万至七千万。震惊和悲伤撼动了所有群体的基础。每个人都在为自己所爱的人悲伤：兄弟、父亲或儿子——死者大多为男性。沿袭维多利亚时代的仪式，比如把自己隔离起来，已经不可能，甚至情感上都不可能。人们无法在心理上适应数以百万计的人在公开场合表达悲伤。生存的生理本能发挥了作用。

“一战”中幸存父母的孩子接下来投身于或目睹了“二战”，他们的认知系统被他们的经历所塑造：他们没有看到他们的父母公开哀悼死亡，所以他们学会了压抑悲伤并把它紧锁内心。这是在死亡和临终的仪式中极大减少了哀悼的一代人，其中有关死亡的观念影响到了生活的各个方面。

二十世纪两次世界大战的破坏性带来了基督教信仰的衰落和医学的霸权。现在，是医生而不是牧师，带头在病人和死亡之间进行干预。随着抗生素和疫苗的发展，医疗干预使很多人免于死亡，并对许多过去的致命疾病进行了反击。在这种认知系统的转变中，死亡不再是上帝的意志，而是医生的失败。

二十一世纪的新兴一代在“二战”结束后的四五十年里出生，心理上感觉更安全。当国家大范围面临威胁和悲伤时，情感封闭或许是有必要的，而目前，没有这种程度的战争威胁，我们和我们的孩子看来有了以不同方式悲伤和面对死亡的“奢侈”。

逐渐地，我们对待死亡和临终的态度发生了另一种变化。今天，那些患有晚期疾病的人常常被告知死亡已离他们很近。亲密的朋友和家人更有可能公开谈论这件事。过去十年来，人们愈加关注姑息治疗和满足个人需要的重要性。

拜互联网在全球迅疾传播所赐，人们讨论死亡和临终的兴趣虽小但发展很快。一个典型例子是“死亡咖啡”网站（deathcafe.com）：它在三十四个国家有将近三千个群，他们的目标是“提高人们对死亡的认识以帮助他们在（有限的）生命中做到最好”。有些群很小，而有些群非常大。

线上交流可以让身患绝症者或他们的亲人通过数字化的方式表达他们对死亡过程的体验。病重者可能无法走路甚至说话，但他们仍然可以时常在网上互动。这让他们能和家人甚至世界各地的其他人，通过博客、推特、视频网站，在每天甚至每小时交流他们新的想法和感受。

英国人著名的“抿紧的上唇”（不露感情）开始放松了起来。那些因为害怕表现软弱而隐藏悲伤感受、不表达情感的人现在受到关注。人们开始意识到，在面对死亡和失亲之痛时，表现出他们的脆弱是需要勇气的，这绝不是软弱的表现——甚至，恰好相反。当然，这在任何家庭中都可能导致代际之间的紧张，而且可能会引起对坚忍沉默、不善表达的父母及祖父母的愤怒。

对于年轻人来说，社交网络开辟了表达悲伤的新途径，纪念死者的在线交流正变得越来越流行。葬礼和墓碑现在可以变成社交媒体上的活动；墓碑可以有二维码，以便扫描下载死者的信息。死者信息的首页提供了自由表达悲伤的空间。在有些人看来，年轻人在葬礼上自拍非常怪异，但这对他们来说很正常，对待葬礼就像对待生活中的其他事情，需要通过发布自拍来确认。像 Facebook 这样的网站可以在世界各地被访问，人们可以在周年纪念时发送信息，用这种方式保持与逝者的“联系”。社交媒体 / 网络的确像是这一演进过程的下一步。年轻人会找到纪念他们所爱的人的现代方式，并且他们对不幸的表达是积极的。看看他们如何发展，是否会在面对面的人际交往方面创造出和线上一样有意义的变化，这将会是很有趣的。

历史塑造了代际特征。事件影响了经历，使生活在特定时期的人的认知系统得以形成。看起来，我们关于死亡的仪式和死亡发生后我们要做的事都是针对我们自己的规定，而事实上，我们对死亡和临终的态度在不断变化，无论我们是否期望。

后记 | *Afterword*

我喜欢故事有大团圆的结局：越过万千险阻，主角们欢快地走进夕阳。它满足了不大现实的需要。这本书并没有得出一个清晰结论。因为这些关于生命、死亡和悲伤的故事并不是虚构的，它们基于那些被所爱之人的死所重创的人的真实经历。它们清楚地表明，悲伤有自己的动力，我们的任务是找到表达它和支持自己度过悲伤旅程的途径，同时认识到，悲伤会因时而变，我们也会因它而变。

如果你读到了这里，这意味着你克服了我们面对这个主题的阻抗——那种源于面对死亡的终极无能而产生的非常自然的阻抗。我们每个人，无论我们是谁，无论我们有什么样的人生，都将在某个时刻被死亡触摸。你将会看到，如果我们避免直面死亡，就会给予它更多的力量来恐吓我们自己。作为人类，尤其是二十一世纪的人类，我们似乎被驱使着在各方面追求完美、秩序和逃避困难——死亡和临终在这张清单的顶端。然而，继续排斥死亡的同时，我们不可避免也在排斥生活的丰富性。内心深处，我们知道爱的另一面是失去，而我们无法只取一端。失去是人类必定会经历的体验，无论是青春、健康的失去，还是快乐的一天结束、一段关系的了结，或者，当然，一个爱人的死亡。但是为了活得真实，活得完整，我们必须要能接受失去。有时我们必须要与痛共处，忍受不适。失去的光谱的最远端是悲伤，这是我们能够经历的心理痛苦的最伟大的表现之一。

你会看到，我并没有提出简洁的或快速的解决方案，尽管那样更对口味、更符合我们希望解决所有事情的一贯的心理需要，但是我展示了许多不同个体的非凡勇气，他们找到了自己的承受失去之痛的方式，接受他们所需的帮助，学会了自我帮助并又开始了他们的生活。我理解，这些人的苦难是很难读懂的，而且我们无法确定地知道他们最终如何。他们每个人都有个小小的进步信号，比如凯特琳的恐惧消退了，然后是转折点，比如让谢丽尔宣泄情感，终于能够感觉自己的失去并将头埋进母亲的围巾里哭泣，比如菲尔和安妮特尝试要一个小宝宝的决定，慕希体验到的超新星的有力图像。每一个这样的小小时刻都伴生着转折，奠定了他们对未来的想象，使他们有信心重建自己的生活。他们认识到，审视死亡和审视生命同样重要。他们的未来在当下是安全的，而且他们充满潜力，因为他们完成了悲伤的艰难的心理工作。带着幸运和重新燃起的希望，他们将继续成长，投入生活——一种不同的，但依然美好的生活。

我没有去记录他们的快乐，因为他们自己都能做得更好。我确定他们每个人都会因为自己那样爱过而有深切的感激之情，因为有着关于那个人的记忆而骄傲，逝者的传承继续在自己的身上活着，而每一个哀悼者都将从这段经历中成长起来。

我希望，作为一个有足够勇气阅读本书的人，你会发现这些故事能够鼓舞人心，你能用信心代替恐惧。

文献 | *Sources*

除非标明，出版地均为伦敦。

绪论

Lazare, A. (1979) 'Unresolved Grief', in A. Lazare (ed.), *Outpatient Psychiatry: Diagnosis and Treatment* (Baltimore: Williams and Wilkens)

Zisook, S., Schuter, S., and Schukit, M. (1985) 'Factors in the Persistence of Unresolved Grief among Psychiatric Outpatients', *Psychosomatics*, 26, 497–503

理解悲伤

Klass, D., Silverman, P. R., and Nickman, S. L. (eds.)

(1996) *Continuing Bonds: New Understandings of Grief* (Philadelphia, PA: Taylor & Francis)

Parkes, C. M. (2006) *Love and Loss: The Roots of Grief and Its Complications* (Routledge)

Stroebe, M. S., and Schut, H. A. W. (1999) 'The Dual Process Model of Coping with Bereavement: Rationale and Description', *Death Studies*, 23 (3), 197–224

Worden, W. J. (1991; 2nd edition) *Grief Counselling and Grief Therapy* (Routledge)

失去伴侣

Alcohol Concern UK (2016) *Alcohol and Depression Factsheet*

Bennett, K. M., and Vidal- Hall, S. (2000) 'Narratives of Death: A Qualitative Study of Widowhood in Later Life', *Ageing and Society*, 20, 413–28

Berardo, F. M. (1970) 'Survivorship and Social Isolation: The Case of the Aged Widower', *Family Coordinator*, 19, 11–25

Bock, E. W., and Webber, I. L. (1972) 'Suicide Among the Elderly: Isolating Widowhood and Mitigating Alternatives', *Journal of Marriage and Family*, 34, 24–31

Burks, V. K., Lund, D. A., Gregg, C. H., and Bluhm, H. P. (1988)Bereavement and Remarriage in Older Adults',

Death Studies,12 (1), 51–60

Carey, R. G. (1979) 'Weathering Widowhood: Problems andAdjustment of the Widowed During the First Year', *OMEGA: The Journal of Death and Dying*, 10, 163–74

Carr, D. (2004) 'The Desire to Date and Remarry Among Older Widows and Widowers', *Journal of Marriage and Family*, 66, 1, 051–68—, House, J. S., Wortman, C., Nesse, R., and Kessler, R. C.(2001) 'Psychological Adjustment to Sudden and Anticipated Spousal Loss Among Older Widowed Persons', *Journal of Gerontology*, 56B, 237–348

childbereavement.org.uk–all the information on supportingbereaved children can be found on this website

Cleveland, W. P., and Gianturco, D. T. (1976) 'Remarriage After Widow hood: A Retrospective Method', *Journal of Gerontology*, 31, 99–103

Cramer, D. (1993) 'Living Alone, Marital Status, Gender and Health', *Journal of Community and Applied Social Psychology*, 3 (1), 1–15

Davies, J. (1991) 'A Sudden Bereavement', *Nursing Times*, 87 (33), 34

Deeken, A. (2004) 'A Nation in Transition – Bereavement in Japan', *Cruse Bereavement Care*, 23 (3), 35–7

Defares, P. B., Brandjes, M., Nass C., and van den Ploeg, J. D.(1985) 'Coping Styles, Social Support and Sex Differences', inI. Sarason and B. Sarason (eds.), *Social*

Support: Theory, Researchand Applications, 173–86 (Dordrecht: Martinus Nijhoff)

drinkaware.co.uk (2015) *Alcohol and Mental Health*

Duke, S. (1998) 'An Exploration of Anticipatory Grief: The Lived Experience of People During Their Spouses' Terminal Illnessand in Bereavement', *Journal of Advanced Nursing*, 28 (4), 829–39

Fengler, A. P., and Goodrich, R. (1979) 'Wives of Elderly, Disabled Men: The Hidden Patients', *Gerontologist*, 19, 175–83

Ferguson, T., Kutscher, A. H., and Kutscher, L. G. (1981) *The Young Widow: Conflicts and Guidelines* (New York: Arno Press)

Foner, N. (1994) *The Caregiving Dilemma: Work in an American Nursing Home* (Berkeley: University of California Press)

Gerber, I. (1974) 'Anticipatory Bereavement', in B. Schoenberg,A. C. Carr, A. H. Kutscher, D. Peretz and I. K. Goldberg (eds.) *Anticipatory Grief*, 26–31 (New York: Columbia University Press)

Ghazanfareeon Karlsson, S., and Borrell, K. (2002) 'Intimacy andAutonomy, Gender and Ageing: Living Apart Together', *Ageing International*, 27, 11–26

Helsing, K. J., Szklo, M., and Comstock, G. W. (1981) 'FactorsAssociated with Mortality After Widowhood', *American Journal of Public Health*, 71, 802–9

House, J. S., Uberson, D., and Landis, K. R. (1988) 'Structures and Processes of Social Support', *Annual Review of Sociology*, 14, 293–318

Kubler Ross, E. (1969) *On Death and Dying* (New York: Collier Books)

Lalande, K. M., and Bonanno, G. A. (2006) 'Culture and Continuing Bonds: A Prospective Comparison of Bereavement in theUnited States and the People's Republic of China', *Death Studies*, 30 (4), 303–24

Lopata, Z. H. (1973) *Widowhood in an American City* (Cambridge, MA: Schenkman)

Marni, M. M. (1989) 'Sex Differences in Earnings in the United States', *Annual Review of Sociology*, 15, 343–80

Mental Health Report (2016) *The Five Year Forward View for MentalHealth. A Report from the Independent Mental Health Task Force tothe NHS in England*

Morgan, L. A. (1984) 'Changes in Family Interaction Following Widowhood', *Journal of Marriage and Family*, 46, 323–31

Neria, Y., and Litz, B. (2004) 'Bereavement by Traumatic Means: The Complex Synergy of Trauma and Grief', *Journal of Loss andTrauma*, 9 (1), 73–87

Parkes, C. M., and Weiss, R. S. (1983) *Recovery from Bereavement* (New York: Basic Books)—, and Prigerson, H. G. (2010) *Bereavement: Studies of Grief in Adult Life* (Penguin)

Perel, E. (2007) *Mating in Captivity* (Harper Collins)

Schneider, D. S., Sledge, P. A., Shuchter, S. R., and Zisook, S.(1996) 'Dating and Remarriage Over the First Two Years of Widowhood', *Annals of Clinical Psychiatry*, 8 (2), 51–7

Schut, H. A. W., Stroebe, M. S., Boelen, P. A., and Zijerveld,A. M. (2006) 'Continuing Relationships with the Deceased: Disentangling Bonds and Grief', *Death Studies*, 30 (8), 757–76

Smith, K. R., and Zick, C. D. (1986) 'The Incidence of PovertyAmong the Recently Widowed: Mediating Factors in the Life Course', *Journal of Marriage and Family*, 48, 619–30

Stroebe, M. S., and Schut, H. A. W. (1999) 'The Dual ProcessModel of Coping with Bereavement: Rationale and Descrip-tion', *Death Studies*, 23 (3), 197–224—, and Stroebe, W. (1989) 'Who Participates in BereavementResearch? A Review and Empirical Study', *OMEGA: The Journal of Death and Dying*, 20, 1–29—, and Stroebe, W. (1983) 'Who Suffers More? Sex Differencesin Health Risks of the Widowed', *Psychological Bulletin*, 93,279–301

Stroebe, W., and Stroebe, M. S. (1987) *Bereavement and Health: The Psychological and Physical Consequences of Partner Loss* (NewYork: Cambridge University Press)—, Stroebe, M. S., Abakoumkin, G., and Schut, H. A. W. (1996)'The Role of Loneliness and Social Support in Adjustment to Loss: A Test of Attachment Versus Stress

Theory', *Journal of Personality and Social Psychology*, 70 (6), 1, 241– 9

Suhail, K., Jamil, N., Oyebode, J. R., and Ajmal, M. A. (2011)'Continuing Bonds in Bereaved Pakistani Muslims: Effects of Culture and Religion', *Death Studies*, 35 (1), 22–31

Valentine, C. (2009) 'Continuing Bonds After Bereavement: A Cross Cultural Perspective', *Cruse Bereavement Care*, 28 (2), 6–11

Young, R. M. (1989) *Transitional Phenomena: Production and Consumption* (Free Association Books)

失去父母

Bowlby, J. (1979) 'On Knowing What You Are Not Supposed to Know and Feeling What You Are Not Supposed to Feel', *Canadian Journal of Psychiatry*, 24, 403–8

Brown, E. J., Amaya- Jackson, L., Cohen, J., Handel, S., Bocanegra, H. T. D., Zatta, E., Goodman, R. F., and Mannarino, A.(2008) 'Childhood Traumatic Grief: A Multisite Empirical Examination of the Construct and Its Correlates', *Death Studies*, 32 (10), 899–923

Christ, G., Siegel, K., Freund, B., Langosch, D., Henderson, S., Sperber, D., and Weinstein, L. (1993) 'Impact of Parent Terminal Cancer on Latency Age Children',

American Journal of Orthopsychiatry, 63, 417–25

Corr, C. A. (1995) 'Children's Understanding of Death: Strivingto Understand Death', in K. J. Doka (ed.), *Children Mourning, Mourning Children* (Routledge)

Creed, J., Ruffin, J. E., and Ward, M. (2001) 'A Weekend Camp for Bereaved Siblings', *Cancer Practice*, 9 (4)

Daley, Dennis C., and Salloum, Ihsan M. C. (2001) *Clinicians' Guide to Mental Illness*, 176–82 (Mc Graw Hill)

DeSpelder, L., and Strickland, A. (2011) *The Last Dance: Encountering Death and Dying* (Palo Alto, CA: Mayfield)

Dillen, L., Fontaine, J. R., and Verhofstadt Deneve, L. (2009) 'Con-firming the Distinctiveness of Complicated Grief from Depressionand Anxiety Among Adolescents', *Death Studies*, 33 (5), 437–61

Dowdney, L. (2000) 'Annotation: Childhood Bereavement Following Parental Death', *Journal of Child Psychology and Psychiatry*, 41, 819–30

drinkaware.co.uk (2015) *Alcohol and Mental Health*

Epidemiologic Catchment Area Study (D. A. Regier, et al.) by National Institute of Health (1990) *Use of Services by Persons with Mental Health and Addictive Disorders*

Fonagy, P., Gergely, G., Jurist, E., and Target, M. (2002) *Affect Regulation, Mentalization, and the Development of the Self* (New York: Other Press)

Fristad, M. A., Jedel, M. A., Weller, R. A., and Weller,

E. B. (1993)'Psychosocial Functioning in Children After the Death of aParent', *American Journal of Psychiatry*, 150, 511–13

Hayslip, B., Ragow O'Brien, D., and Guarnaccia, C. A. (1999) 'The Relationship of Cause of Death to Attitudes Toward Funerals and Bereavement Adjustment', *OMEGA: The Journalof Death and Dying*, 38, 297–312—, Pruett, J. H., and Caballero, D. M. (2015) 'The "How" and"When" of Parental Loss in Adulthood: Effects on Grief and Adjustment', *OMEGA: The Journal of Death and Dying*, 71, 3–18

Horsley, H., and Patterson, T. (2006) 'The Effects of a Parent Guidance Intervention on Communication Among Adolescents Who Have Experienced the Sudden Death of a Sibling', *American Journal of Family Therapy*, 34, 119–37

Jones, A. M., Deane, C., and Keegan, O. (2015) 'The Developmentof a Framework to Support Bereaved Children and YoungPeople: The Irish Childhood Bereavement Care Pyramid', *Bereavement Care*, 34, 43–51

Kaffman, M., and Elizur, E. (1984) 'Children's Bereavement Reactions Following the Death of the Father', *International Journal of Family Therapy*, 6, 259–83

Kalter, N., Lohnes, K. L., Chasin, J., Cain, A. C., Dunning, S.,and Rowan, J. (2003) 'The Adjustment of Parentally BereavedChildren: I. Factors Associated with Short Term Adjustment', *OMEGA: The Journal of Death and Dying*, 46, 15–34

Kaplow, J. B., Howell, K. H., and Layne, C. M. (2014) 'Do Circum-stances of the Death Matter? Identifying Socioenvironmental Risks for Grief Related Psychopathology in Bereaved Youth', *Journal of Traumatic Stress*, 27 (1), 42–9—, Layne, C. M., Pynoos, R., Cohen, J., and Lieberman, A. (2012)' DSM- V Diagnostic Criteria for Bereavement Related Disorders in Children and Adolescents: Developmental Consid-erations', *Psychiatry: Interpersonal and Biological Processes*, 75, 243–66—, Layne, C. M., Saltzman, W. R., Cozza, S. J., and Pynoos,R. S. (2013) 'Using Multidimensional Grief Theory to Explore Effects of Deployment, Reintegration, and Death on Military Youth and Families', *Clinical Child and Family Psychology Review*, 16, 322–40

McLanahan, S. S., and Sorensen, A. B. (1985) 'Life Events and Psychological Well Being Over the Life Course', in G. H. Elderand J. R. Ithaca, *Life Course Dynamics: Trajectories and Transitions1968–1980*, 217–38 (NY: Cornell University)

Mahon, M. M. (1994) 'Death of a Sibling: Primary Care Interventions', *Pediatric Nursing*, 20 (3), 293–6

Marks, N., Jun, H., and Song, J. (2007) 'Death of Parents andAdult Psychological Well Being: A Prospective US Study', *Journal of Family Issues*, 28, 1, 629–30

Melhem, N., Day, N., Shear, K., Day, R., Reynolds, C., andBrent, D. (2004) 'Traumatic Grief Among

Adolescents Exposedto Peer Suicide', *American Journal of Psychiatry*, 161, 1, 411–16

Moss, M. S., Resch, N., and Moss, S. Z. (1997) 'The Role of Gender in Middle Age Children's Responses to Parent Death', *OMEGA: The Journal of Death and Dying*, 35, 43–65

Nickerson, A., Bryant, R., Aderka, I., Hinton, D., and Hofmann,S. (2011) 'The Impacts of Parental Loss and Adverse Parentingon Mental Health: Findings from the National Comorbidity Survey Replication', *Psychological Trauma: Theory, Research,Practice, and Policy*, 5 (2), 119–27

Pynoos, R. S. (1992) 'Grief and Trauma in Children and Adolescents', *Bereavement Care*, 11, 2–10

Rossi, A. S., and Rossi, P. H. (1990) *Of Human Bonding: Parent–Child Relationships Across the Life Course* (New York: Aldine de Gruyter)

Rynearson, E. K., and Salloum, A. (2011) 'Restorative Retelling:Revising the Narrative of Violent Death', in R. A. Neimeyer,D. L. Harris, H. R. Winokuer and G. F. Thornton (eds.), *Grief and Bereavement in Contemporary Society: Bridging Research and Practice*, 177–88 (New York: Routledge)

Saldinger, A., Cain, A., Kalter, N., and Lohnes, K. (1999) 'Antici-pating Parental Death in Families with Young Children', *American Journal of Orthopsychiatry*, 69, 39–48—, Porterfield, K., and Cain, A. (2004) 'Meeting the Needsof Parentally Bereaved Children: A Framework for Child Centered Parenting', *Psychiatry: Interpersonal and Biological Processes*, 67, 331–52

Saunders, J. (1996) 'Anticipatory Grief Work with Children', British *Journal of Community Health Nursing*, 1 (2), 103–6

Scharlach, A. E. (1991) 'Factors Associated with Filial Grief Following the Death of an Elderly Parent', *American Journal of Orthopsychiatry*, 61, 307–13

Shapiro, D., Howell, K., and Kaplow, J. (2014) 'Associations Among Mother–Child Communication Quality, Childhood Maladaptive Grief, and Depressive Symptoms', *Death Studies*, 38 (3), 172–8

Stokes, J. A. (2004) *Then, Now and Always* (Cheltenham: Winston's Wish Publications)

Thompson, M. P., Kaslow, N. J., Kingree, J. B., King, M., Bryant, L.,Jr, and Rey, M. (1998) 'Psychological Symptomatology Following Parent Death in a Predominantly Minority Sample of Childrenand Adolescents', *Journal of Clinical Child Psychology*, 27 (4), 434–41

Umberson, D. (1992) 'Relationships Between Adult Children and Their Parents: Psychological Consequences for Both Generations', *Journal of Marriage and Family*, 54, 664–74—, and Chen, M. D. (1994) 'Effects of a Parent's Death on Adult Children: Relationship Salience and Reaction to Loss', *American Sociological Review*, 59, 152–68

Wheaton, B. (1990) 'Life Transitions, Role Histories, and Mental Health', *American Sociological Review*, 55, 209–23

Worden, J. W., and Silverman, P. R. (1996) 'Parental Death and the Adjustment of School Age Children', *OMEGA: The Journal of Death and Dying*, 33, 91–102

失去手足

Bank, S., and Kahn, M. D. (1982) 'Intense Sibling Loyalties', in M. E. Lamb and B. Sutton Smith (eds.), *Sibling Relationships: Their Nature and Significance Across the Lifespan*, 251–266 (Hillsdale, NJ: Lawrence Erlbaum)

Cain, A. C., Fast, I., and Erickson, M. E. (1964) 'Children's Dis-turbed Reactions to the Death of a Sibling', *American Journal of Orthopsychiatry*, 34, 741–52

Calvin, S., and Smith, I. M. (1986) 'Counseling Adolescents inDeath Related Situations', in C. A. Corr and J. N. McNeil(eds.), *Adolescence and Death*, 97–108 (New York: Springer)

Christ, G. H. (2000) *Healing Children's Grief: Surviving a Parent's Death from Cancer* (Oxford: Oxford University Press onDemand)

Cicirelli, V. G. (1995) *Sibling Relationships across the Lifespan* (NewYork: Plenum Press)— (2009) 'Sibling Death and Death Fear in Relation to Depressive Symptomatology in Older Adults', *Journal of Gerontology*, 64b,24–32

Davies, B. (2002) 'The Grief of Siblings', in N. B. Webb (eds.), *Helping Bereaved Children: A Handbook for Practitioners*, 94–127(New York: Guilford Press)

Devita Raeburn, E. (2004) *The Empty Room: Surviving the Loss of a Brother or Sister at Any Age* (New York: Scribner)

Eaves, Y. D., McQuiston, C., and Miles, M. S. (2005) 'Coming to Terms with Adult Sibling Grief: When a Brother Dies from AIDS', *Journal of Hospice and Palliative Nursing*, 7 (3), 139–49

Erikson, E. H. (1964) *Identity: Youth and Crisis* (New York: Norton)

Fanos, J. H., and Nickerson, B. G. (1991) ' Long-Term Effects of Sibling Death During Adolescence', *Journal of Adolescent Research*, 6 (1), 70–82

Fletcher, J., Mallick, M., and Song, J. (2013) 'A Sibling Death in the Family: Common and Consequential', *Demography*, 50,803–26

Fulmer, R. (1983) 'A Structural Approach to Unresolved Mourning in Single Parent Family Systems', *Journal of Marital andFamily Therapy*, 9, 259–69

Gold, D. T., Woodbury, M. A., and George, L. K. (1990) 'Relationship Classification Using Grade of Membership (GOM) Analysis: A Typology of Sibling Relationships in Later

Life', *Journal of Gerontology*, 45, 43–51

Hays, J. C., Gold, D. T., and Pieper, C. F. (1997) 'Sibling Bereavementin Late Life', *OMEGA: The Journal of Death and Dying*, 35, 25–42

Hogan, N., and De Santis, L. (1994) 'Things That Help and Hinder Adolescent Sibling Bereavement', *Western Journal of Nursing Research*, 16 (2), 132–53

Kellerman, N. P. F. (2000) Transmission of Holocaust Trauma (Jerusalem: Yad Vashem)—(2001) 'Psychopathology in Children of Holocaust Survivors:A Review of the Research Literature', *Israeli Journal of Psychiatry and Related Sciences*, 38 (1), 36–46

Lewis, M., and Volkmar, E. (1990; third edition) *Clinical Aspects of Child and Adolescent Development* (Philadelphia, PA: Lea & Febiger)

McCown, D. E., and Davies, B. (1995) 'Patterns of Grief in Young Children Following the Death of a Sibling', Death Studies, 19(1), 41–53—, and Pratt, C. (1985) 'Impact of Sibling Death on Children'sBehavior', *Death Studies*, 9 (3), 323–35

Moss, S. Z., and Moss, M. (1989) 'The Impact of the Death of an Elderly Sibling', *American Behavioral Scientist*, 33, 94–106

Mufson, T. (1985) 'Issues Surrounding Sibling Death During Adolescence', *Child and Adolescent Social Work*, 2, 204–18

Oltjenbruns, K. A. (2001) 'Developmental Context of Childhood: Grief and Regrief Phenomena', in M. S. Stroebe, R. O. Hansson, W. Stroebe and H. Schut (eds.), *Handbook of Bereavement Research: Consequences, Coping, and Care*, 169–197 (Washington, DC: American Psychological Association)

Packman, W., Horsley, H., Davies, B., and Kramer, R. (2006) 'Sibling Bereavement and Continuing Bonds', *Death Studies*, 30 (9), 817–41

Pretorius, G., Halstead Cleak, J., and Morgan, B. (2010) 'TheLived Experience of Losing a Sibling through Murder', *Indo Pacific Journal of Phenomenology*, 10, 1–12

Robinson, L., and Mahon, M. M. (1997) 'Sibling Bereavement: A Concept Analysis', *Death Studies*, 21 (5), 477–99

Robson, P., and Walter, T. (2013) 'Hierarchies of Loss: A Critiqueof Disenfranchised Grief', *OMEGA: The Journal of Death and Dying*, 66, 97–119

Ross, H. G., and Milgram, J. I. (1982) 'Important Variables in AdultSibling Relationships: A Qualitative Study', in M. E. Lamb and B.Sutton Smith (eds.), *Sibling Relationships: Their Nature and Significance across the Lifespan*, 225–49 (Hillsdale, NJ: Lawrence Erlbaum)

Sveen, J., Eilgard, A., Steineck, G., and Kreicbergs, U. C. (2014) 'TheyStill Grieve: A Nationwide Follow–Up of Young Adults 2–9 Years After Losing a Sibling to Cancer',

Psycho Oncology, 23, 658–64

Walker, C. (1988) 'Stress and Coping in Siblings of Childhood Cancer Patients', *Nursing Research*, 37, 206–12

Webb, N. B. (ed.) (2002; second edition) *Helping Bereaved Children: A Handbook for Practitioners* (New York: Guilford Press)

Wright, P. M. (2015) 'Adult Sibling Bereavement: Influences, Consequences, and Interventions', *Illness, Crisis and Loss*, 24 (1), 34–45

Zampitella, C. (2011) 'Adult Surviving Siblings: The Disenfranchised Grievers', *Group*, 35 (4), 333–47

失去儿女

Amick McMullan, A., Kilpatrick, D. G., Veronen, L. J., andSmith, S. (1989) 'Family Survivors of Homicide Victims: The oretical Perspectives and an Exploratory Study', *Journal of Traumatic Stress*, 2 (1), 21–35

Badenhorst, W., Riches, S., Turton, P., and Hughes, P. (2006)'The Psychological Effects of Stillbirth and Neonatal Death on Fathers: Systematic Review', *Journal of Psychosomatic Obstetricsand Gynecology*, 27, 245–56

Bergstraesser, E., Inglin, S., Hornung, R., and Landolt, M. A. (2015)'Dyadic Coping of Parents After the Death of a Child', *Death Studies*, 39 (3), 128–38

Beutel, M., Willner, H., Deckardt, R., Von Rad, M., and Weiner, H. (1996) 'Similarities and Differences in Couples' Grief Reactions Following a Miscarriage: Results from a LongitudinalStudy', *Journal of Psychosomatic Research*, 40, 245–53

Blackmore, E. R., Cote- Arsenault, D., Tang, W., Glover, V.,Evans, J., Golding, J., and O' Conner, T. G. (2011) 'PreviousPrenatal Loss as a Predictor of Perinatal Depression and Anxiety', *British Journal of Psychiatry,* 198 (5), 373–8

Buchi, S., Morgeli, H., Schnyder, U., Jenewein, J., Glaser, A.,Fauchere, J. C., Bucher, H. U., and Sensky, T. (2009) 'Shared orDiscordant Grief in Couples 2–6 Years After the Death ofTheir Premature Baby: Effects on Suffering and Posttraumatic Growth', *Psychosomatics*, 50, 123–30

Calhoun, L. G., Selby, J. W., and Abernathy, C. B. (1984) 'Suicidal Death: Social Reactions to Bereaved Survivors', *Journal of Psychology*, 116, 255–61

Christ, F., Bonanno, G., Malkinson, R., and Rubin, S. (2003)'Bereavement Experiences After the Death of a Child', in M.Field and R. Berhman (eds.) *When Children Die: Improving Palliative and End of Life Care for Children and Their Families*, 553–79(Washington, DC: National Academy Press)

Clyman, R. I., Green, C., Rowe, J., Mikkelsen, C., and Ataide, L.(1980) 'Issues Concerning Parents After the Death of Their Newborn', *Critical Care Medicine*, 8, 215–18

Cook, J. A. (1984) 'Influence of Gender on the Problems of Parentsof Fatally Ill Children', Journal of Psychosocial Oncology, 2 (1), 71–91— (1988) 'Dad's Double Binds', *Journal of Contemporary Ethnography*, 17, 285–308

Cornwell, J., Nurcome, B., and Stevens, L. (1977) 'Family Response to Loss of a Child by Sudden Infancy Death Syndrome', *Medial Journal of Australia*, 1, 656–9

Dyer, K. A. (2005) 'Identifying, Understanding, and Working withGrieving Parents in the NICU: Identifying and Understanding Loss and the Grief Response', *Neonatal Network*, 24, 35–46

Dyregrov, A., and Matthiesen, S. B. (1987) 'Similarities and Differences in Mothers' and Fathers' Grief Following the Death ofan Infant', *Scandinavian Journal of Psychology*, 28, 1–15

Dyregrov, K., Nordanger, D., and Dyregrov, A. (2003) 'Predictorsof Psychosocial Distress After Suicide, SIDS, and Accidents', *Death Studies*, 27 (2), 143–65

Field, N. P. (2006) 'Continuing Bonds in Adaptation to Bereave-ment: Introduction', *Death Studies*, 30 (8), 709–14

Forest, G. C. (1983) 'Mourning the Loss of a Newborn Baby', *Bereavement Care*, 2, 4–11—, Standish, E., and Baum, J. D. (1982) 'Support After Perinatal Death: A Study of Support and Counselling After Perinatal Bereavement', *British Medical Journal*, 285, 1, 475–9

Gottman, J., and Silver, N. (1999) *The Seven Principles for Making Marriage Work* (Orion Books)

Hansson, R. O., and Stroebe, M. S. (2006) *Bereavement in Late Life: Coping, Adaptation and Developmental Issues* (Washington, DC: American Psychological Association)

Harmon, R. J., Glicken, A. D., and Siegel, R. E. (1984) 'NeonatalLoss in the Intensive Care Nursery: Effects of Maternal Grieving and a Program for Intervention', *Journal of the American Academy of Child Psychiatry*, 23, 68–71

Helmrath, T. A., and Steintitz, E. M. (1978) 'Death of an Infant: Parental Grieving and the Failure of Social Support', *Journal of Family Practice*, 6, 785–90

Joseph, S. (2013) What Doesn't Kill Us: *A Guide to Overcoming Adversity and Moving Forward* (Piatkus)

Keesee, N. J., Currier, J. M., and Neimeyer, R. A. (2008) 'Predictors of Grief Following the Death of One's Child: The Contribution of Finding Meaning', *Journal of Clinical Psychology*, 64 (10), 1, 145–63

Kersting, A., and Wagner, B. (2012) 'Complicated Grief After Perinatal Loss', *Dialogues in Clinical Neuroscience*, 14, 187–94

Klass, D., Silverman, P. R., and Nickman, S. L. (eds.) (1996) *Continuing Bonds: New Understandings of Grief* (Philadelphia, PA: Taylor & Francis)

Kochanek, K. D., Kirmeyer, S. E., Martin, J. A.,

Strobino, D. M., and Guyer, B. (2012) 'Annual Summary of Vital Statistics:2009', *Pediatrics*, 129, 338–48

Kreicbergs, U. C., Lannen, P., Onelov, E., and Wolfe, J. (2007)'Parental Grief After Losing a Child to Cancer: Impact of Professional and Social Support on Long Term Outcomes', *Journal of Clinical Oncology*, 25, 3, 307–12

Lehman, D. R., Wortman, C. B., and Williams, A. F. (1987)'Long Term Effects of Losing a Spouse or Child in a Motor Vehicle Crash', *Journal of Personality and Social Psychology*, 52 (1),218–31

Lohan, J. A., and Murphy, S. A. (2005–6) 'Mental Distress and Family Functioning Among Married Parents Bereaved by a Child's Sudden Death', *OMEGA: The Journal of Death andDying*, 52, 295–305

Moore, A. (2007) 'Older Poor Parents Who Lost an Adult Child toAIDS in Togo, West Africa: A Qualitative Study', *Omega*, 56(3), 289–302

Moriarty, H. J., Carroll, R., and Cotroneo, M. (1996) 'Differencesin Bereavement Reactions with in Couples Following Death of a Child', *Research in Nursing and Health*, 19, 461–9

Murphy, S. A., Braun, T., Tillery, L., Cain, K. C., Johnson, L. C.,and Beaton, R. D. (1999) 'PTSD Among Bereaved Parents Following the Violent Deaths of Their 12– 28 Year Old Children: A Longitudinal Prospective Analysis', *Journal of Traumatic Stress*, 12 (2), 273–91—,

Gupta, A. D., Cain, K. C., Johnson, L. C., Lohan, J., Wu, L., and Mekwa, J. (1999) 'Changes in Parents' Mental Distress Afterthe Violent Death of an Adolescent or Young Adult Child: A Longitudinal Prospective Analysis', *Death Studies*, 23 (2), 129–59

Ness, D. E., and Pfeffer, C. R. (1990) 'Sequelae of Bereavement Resulting from Suicide', *American Journal of Psychiatry*, 147, 279–85

Parke, R. D., Dennis, J., Flyr, M. L., Morris, K. L., Leidy, M. S.,and Schofield, T. J. (2005; second edition) 'Fathers: Culturaland Ecological Perspectives', in T. Luster and L. Okagaki (eds.), *Parenting: An Ecological Perspective*, 103–44 (Mahwah, NJ: Lawrence Erlbaum)

Peach, M. R., and Klass, D. (1987) 'Special Issues in the Grief of Parents of Murdered Children', *Death Studies*, 11 (2), 81–8

Piaget, J. (1977) 'Developmental Stage Theory', in Howard Gruber (ed.), *The Essential Piaget* (New York: Basic Books)

Rando, T. (1993) *Treatment of Complicated Mourning* (Champaign, IL: Research Press)

Rinear, E. E. (1988) 'Psychosocial Aspects of Parental Response Patterns to the Death of a Child by Homicide', *Journal of Traumatic Stress*, 1, 305–22

Schwab, R. (1998) 'A Child's Death and Divorce: Dispelling Myth', *Death Studies*, 22 (5), 445–68

Shapiro, E. R. (2001) 'Grief in Interpersonal Perspective: Theoriesand Their Implication', in M. S. Stroebe, W. Stroebe and R. O.Hansson (eds.), *Handbook of Bereavement: Theory, Research andIntervention*, 301–27 (New York: Cambridge University Press)

Smith, M. E., Nunley, B. L., Kerr, P. L., and Galligan, H. (2011)'Elders' Experiences of the Death of an Adult Child', *Issues inMental Health Nursing*, 32, 568–74

Stroebe, M. S., Finkenauer, C., Wijngaards de Meij, L., Schut,H. A. W., van den Bout, J., and Stroebe, W. (2013) 'Partner Oriented Self Regulation Among Bereaved Parents: The Costs of Holding in Grief for the Partner's Sake', *Psychological Science*, 24, 395–402

Sweeting, H. N., and Gilhooly, M. L. M. (1990) 'Anticipatory Grief: A Review', *Social Science and Medicine*, 30, 1, 073–80

Wijngaards de Meij, L., Stroebe, M. S., Schut, H. A. W., Stroebe,W., van den Bout, J., van der Heijden, P., and Dijkstra, I. (2005)'Couples at Risk Following the Death of Their Child: Predictors of Grief Versus Depression', *Journal of Consulting and ClinicalPsychology*, 73 (4), 617–23—, Stroebe, M. S., Stroebe, W., Schut, H. A. W., van den Bout, J.,van der Heijden, P., and Dijkstra, I. (2008) 'The Impact of Cir-cumstances Surrounding the Death of a Child on Parents' Grief', *Death Studies*, 32 (7), 237–52

Wilson, A. L., Fenton, L. J., Stevens, D. C., and

Soule, D. J. (1982)'The Death of a Newborn Twin: An Analysis of Parental Bereavement', *Pediatrics*, 70, 587–91

面对自己的死亡

Abdel Khalek, A. M. (1998) 'The Structure and Measurement of Death Obsession', *Personality and Individual Differences*, 24, 159–65— (2011–12) 'The Death Distress Construct and Scale', *OMEGA: The Journal of Death and Dying*, 64, 171–84

Aday, R. H. (2006) 'Aging Prisoners' Concerns Toward Dyingin Prison', *OMEGA: The Journal of Death and Dying*, 52,199–216

Azaiza, F., Ron, P., Shoman, M., and Gigini, I. (2010) 'Death and Dying Anxiety Among Elderly Arab Muslims in Israel', *Death Studies*, 34 (3), 351–64

Berkman, L. F., Leo Summers, L., and Horwitz, R. I. (1992)'Emotional Support and Survival After Myocardial Infarction', *Annals of Internal Medicine*, 117 (12), 1, 003–9

Cole, M. A. (1978) 'Sex and Marital Status Differences in DeathAnxiety', *OMEGA: The Journal of Death and Dying*, 9, 139–47

Dixson, R., and Kinlaw, B. (1983) 'Belief in the Existence andNature of Life After Death: A Research

Note', *OMEGA: TheJournal of Death and Dying*, 13, 287–92

Erickson, E. H. (1959) 'The Identity and the Life-Cycle', *Psychological Issues Monograph*, 1 (1), 50–100

Esnaashari, F., and Kargar, F. R. (2015) 'The Relation Between Death Attitude and Distress: Tolerance, Aggression, and Anger', *OMEGA: The Journal of Death and Dying, online*, 1–19

Evans, J. W., Walters, A. S., and Hatch Woodruff, M. L. (1999)'Deathbed Scene Narratives: A Construct and Linguistic Analysis', *Death Studies*, 23 (8), 715–33

Florian, V., and Kravetz, S. (1983) 'Fear of Personal Death: Attribution, Structure, and Relation to Religious Belief', *Journal of Personality and Social Psychology*, 44 (3), 600– 607—, and Mikulincer, M. (1997) 'Fear of Personal Death in Adulthood: The Impact of Early and Recent Losses', *Death Studies*,21 (1), 1–24

Gesser, G., Wong, P. T. P., and Reker, G. T. (1987–8) 'Death Attitudes Across the Life Span: The Development and Validationof the Death Attitude Profile (DAP)', *OMEGA: The Journal of Death and Dying*, 18, 113–25

Haisfield Wolfe, M. E. (1996) ' End of Life Care: Evolution of the Nurse's Role', *Oncology Nursing Forum*, 23, 931–5

Hoelter, J. W., and Hoelter, J. A. (1978) 'The Relationship Between Fear of Death and Anxiety', *Journal of Psychology*, 99, 225–6

Kalish, R. A., and Reynolds, D. K. (1981) *Death and Ethnicity: APsychocultural Study* (Amityville, NY: Baywood)

Kastenbaum, R. (2000; third edition) *The Psychology of Death* (NewYork: Springer Publishing Company)

Klenow, D. J., and Bolin, R. C. (1989) 'Belief in Afterlife: A NationalSurvey', *OMEGA: The Journal of Death and Dying*, 21, 63–74

Krause, N. (1987) 'Life Stress, Social Support, and Self Esteem in an Elderly Population', *Psychology and Aging*, 2 (4), 349–56

Lonetto, R., and Templer, D. I. (1986) *Death Anxiety* (Washington,DC: Hemisphere)

Missler, M., Stroebe, M. S., Guertsen, L., Masten Broek, M.,Chmoun, S., and van der Houwen, K. (2011–12) 'Exploring Death Anxiety Among Elderly People: A Literature Review and Empirical Investigation', *OMEGA: The Journal of Death and Dying*, 64, 357–79

Mullins, L. C., and Lopez, M. A. (1982) 'Death Anxiety Among Nursing Home Residents: A Comparison of the Young–Old and Old–Old', *Death Education*, 6, 75–86

Munnichs, J. M. A. (1966) *Old Age and Finitude: A Contribution to Psychogerontology* (Basle, Switzerland: S. Karger)

Neimeyer, R. A. (1998) 'Death Anxiety Research: The

State of the Art', *OMEGA: The Journal of Death and Dying*, 36, 97–120—, and Dingemans, P. (1980) 'Death Orientation in the SuicideIntervention Worker', *OMEGA: The Journal of Death and Dying*, 11, 15–23—, Dingemans, P., and Epting, F. R. (1977) 'Convergent Validity,Situational Stability, and Meaningfulness of the Threat Index', *OMEGA: The Journal of Death and Dying*, 8, 251–65—, Wittkowski, J., and Moser, R. P. (2004) 'Psychological Research on Death Attitudes: An Overview and Evaluation', *Death Studies*, 28 (4), 309–40

Nelson, L. D. (1979) 'Structural Conduciveness, Personality Characteristics and Death Anxiety', *OMEGA: The Journal of Deathand Dying*, 10, 123–33

NEoLCIN (National End of Life Care Intelligence Network)(2013) National Survey of Bereaved People (VOICES) (Public Health England)

Niemiec, R. M., and Schulenberg, S. E. (2011) 'UnderstandingDeath Attitudes: The Positive Integration of Movies, Positive Psychology, and Meaning Management', *Death Studies*, 35 (5), 387–407

Noyes, R. (1980) 'Attitude Change Following Near Death Experiences', *Psychiatry*, 43, 234–42—, Fenwick, P., Holden, J. M., and Christian, S. R.(2009) ' After Effects of Pleasurable Western Adult Near Death Experiences', in J. M. Holden, B. Greyson, andD. James (eds.), *The Handbook of Near Death Experiences: Thirty Years of Investigation*, 41–62 (Santa Barbara, CA: Praeger

Publishers)

Pollak, J. M. (1979) 'Correlates of Death Anxiety: A Review of Empirical Studies', *OMEGA: The Journal of Death and Dying*,10, 97–121

Russac, R. J, Gatliff, C., Reece, M., and Spottswood, D. (2007)'Death Anxiety Across the Adult Years: An Examination of Age and Gender Effects', *Death Studies*, 31 (6), 549–61

Stillion, J. M. (1985) Death and the Sexes (Washington, DC: Hemisphere/ McGraw Hill)

Taylor, L. D. (2012) 'Death and Television: Terror ManagementTheory and Themes of Law and Justice on Television', *Death Studies*, 36 (4), 340–59

Templer, D. I., Harville, M., Hutton, S., Underwood, R., Tomeo,M., Russell, M., Mitroff, D., and Arikawa, H. (2001–2) 'Death Depression Scale Revised', *OMEGA: The Journal of Death and Dying*, 44, 105–12

Thorson, J. A. (1991) 'Afterlife Constructs, Death Anxiety, and Life Reviewing: Importance of Religion as a ModeratingVariable', *Journal of Psychology and Theology*, 19 (3), 278–84

Tomer, A. (2000) ' Death- Related Attitudes: Conceptual Distinctions', in A. Tomer (ed.), *Death Attitudes and the Older Adult: Theories, Concepts, and Applications*, 87–94 (New York: Brunner Routledge)

Wong, P. T. P. (1989) 'Successful Aging and Personal

Meaning', *Canadian Psychology*, 30, 516–25—, Reker, G. T., and Gesser, G. (1994) 'Death Attitude Profile-Revised: A Multidimensional Measure of Attitude TowardDeath', in R. A. Neimeyer (ed.), *Death Anxiety Handbook:Research, Instrumentation, and Application*, 121–48 (Washington,DC: Taylor & Francis)—, and Tomer, A. (2011) 'Beyond Terror and Denial: The Positive Psychology of Death Acceptance', *Death Studies*, 35 (2), 99–106

如何帮助：应对悲伤，我们需要做的事

actionforhappiness.org

Ben Shahar, Tal (2011) *Happier: Learn the Secrets to Daily Joy and Lasting Fulfillment* (New York: Mc Graw Hill)

Damasio, A. (1999) *The Feeling of What Happens: Body, Emotion and the Making of Consciousness* (Heinemann)

Duhigg, C. (2012) *The Power of Habit* (Random House)

focusing.org The International Focusing Institute

Gendlin, E. T. (1981) *Focusing* (second edition, New Revised instructions) (New York: Bantam Books)

Hone, L. (2016) *Remembering Abi* (blog:i.stuff.co.nz)

Kabat Zinn, Jon (2012) *Mindfulness for Beginners:*

Reclaiming the Present Moment – and Your Life (Louisville, CO: Sounds True)— (2001) *Full Catastrophe Living: How to Cope with Stress, Pain and Illness Using Mindfulness Meditation* (New York: Doubleday)

Klass, D., Silverman, P. R., and Nickman, S. L. (eds.) (1996) *Continuing Bonds: New Understandings of Grief* (Philadelphia, PA: Taylor & Francis)

Mind.org.uk (2015) *The Mind Guide: Food and Mood*

NICE Guidelines (2009, updated 2016) *Treatment for Mild to Moderate Depression*

Pennebaker, James W. (2004) *Writing to Heal: A Guided Journal for Recovering from Trauma and Emotional Upheaval* (Oakland, CA:New Harbinger Press)— (1997) *Opening Up: The Healing Power of Expressing Emotion* (NY: Guilford Press)

Schore, A. (2003) *Affect Regulation and the Repair of the Self* (NewYork: Norton Books)

Tedeschi, R. G., and Calhoun L. G. (2012) *Resilience: The Science of Mastering Life's Greatest Challenges* (Cambridge: Cambridge University Press)

致谢 | *Acknowledgements*

书中所有故事均基于我自己的思考和我在工作中接触过的来访者。我对悲伤的理解来自他们的讲述，我很荣幸认识并被他们启发、向他们学习。只要有可能，我就会咨询过去和现在的来访者，确认他们对正在出版的内容是认同的，以避免造成任何压力。写作的首要原则是为我的来访者保守秘密和不暴露他们的真名——为此我尽了最大的努力隐去事件中会暴露当事人真实信息的部分，同时按照真实性原则叙述其余内容。

这本书离不开那些同意我记录他们悲伤的过程的来访者。有些人允许我录音并誊写面谈内容，有些人阅读和评论我们的工作记录，还有些是使用了我们治疗中的案例研究。我深深感激他们每个人的慷慨和信任，感激他们允许我讲述他们悲伤的故事。

对我而言最为重要的是，向过去五十年来我眼中最前沿的研究悲伤的精神病学家和心理学家表示感谢。他们极大地影响了我的实践。他们的悲伤理论，甚至是他们的某些表达被我吸收，我将它们整合后以不同的方式体现出来，贯穿全书。他们是玛格丽特·斯特伯（Margaret Stroebe）博士、亨克·舒特（Henk Schut）博士、科林·默里·帕克斯（Colin Murray Parkes）博士、约翰·鲍尔比（John Bowlby）、丹尼斯·克拉斯（Dennis Klass）、菲莉丝·西尔弗曼（Phyllis Silverman）、史蒂文·尼克曼（Steven Nickman）和威廉·沃登（William Worden）教授。他们是一场无声的革命的组成部分，扭转了我们对悲伤的理解。

我的出版经纪人费莉西蒂·鲁宾斯坦（Felicity Rubinstein）最先激励我产生写作一本书的想法，在那之前我从未认真思考过这件事。吉莉恩·斯特恩（Gillian Stern）以她的经历给了我发出自己声音的信心。维尼夏·巴特菲尔德（Venetia Butterfield）是个既聪明又感性的编辑，她描画出最好的我，并帮助我把书变成了现在的模样。在人生新的努力历程中得遇这样三位才华横溢的女性的指导，对我来说是一份意外的礼物。

阿德里安·图克曼（Adrian Tookman）博士，姑息治疗顾问医师，以及琳达·内勒（Lynda Nayler），汉普斯特德的玛丽·居里收容所的临床护理专家，他们很友好地让我在玛丽·居里收容所与他们共事许久。我见到了他们的很多病人并与之交流，了解了更多关于老龄群体的姑息治疗的情况。朱莉娅·赖利（Julia Riley）教授，皇家马斯登医院的姑息治疗顾问，也让我受益于她在探索临终病人需求方面的大量经验，她对我的研究的点评也对我很有帮助。

蒂姆·邦德（Tim Bond）教授花了很多宝贵的时间通过最好的道德实践在出版案例研究方面指导我。他的渊博知识和慷慨分享惠我良多。

来自“英国丧亲儿童基金会”的安·查默斯（Ann Chalmers）和安·罗兰（Ann Rowland）给了我极具价值的建设性反馈。安德鲁·里夫斯（Andrew

Reeves），来自英国咨询协会，给了我精辟的建议，这令我非常感激。

我感谢斯蒂芬妮·威尔金森（Stephanie Wilkinson），她在每一个主题上都努力找到了上百篇优秀的研究文献。

我感谢我极富才华的哥哥雨果·吉尼斯（Hugo Guinness）把他的蒲公英图案提供给我做书的封面，这是一张完美的图片，特别是这是他画出来的。

我非常幸运，曾经能给这样一长串名单上的神奇人物打电话，他们告诉我自己的悲伤经历，对朋友和亲人可以怎样提供帮助提供建议，或者对书做出评价。杰拉尔丁·汤姆森（Geraldine Thomson，尤其是他）、娜塔莎·摩根（Natasha Morgan）、史蒂文·伯切尔（Steve Burchell）和凯西·墨菲（Kathy Murphy），所有这些心理治疗师和睿智的同事都给予了我极大的支持和帮助。朋友们，无论远近，都非常慷慨地给了我时间，与我分享他们的经历和思考：雷切尔·温德姆（Rachel Wyndham）、凯瑟琳·索姆斯（Catherine Soames）、朱丽叶·尼克尔森（Juliet Nicolson）、苏珊娜·格罗斯（Susanna Gross）、克莱尔·阿斯奎思（Clare Asquith）、乔安娜·温伯格（Joanna Weinberg）、托里·格雷（Tory Gray）、迪迪·多诺万（DiDi Donovan）、克丽丝特布尔·麦克尤恩（Christabel McEwan）、大卫·麦克米伦（David Macmillan）、贝蒂娜·冯·哈泽（Bettina von Hase）、罗西·博伊科特（Rosie Boycott）、亚历山大·迪金森（Alexander Dickinson,）、琳达和大卫·希思科特-艾默利（Linda and David Heathcoat-Amory）、杰克·希思科特-艾默利（Jack Heathcoat-Amory）、帕特里夏·蒙巴顿（Patricia Mountbatten）、凯茜·德赖斯代尔（Cathy Drysdale）、凯瑟琳·奥伯里恩（Catherine O'Brien）、阿姆瑞塔·达斯（Amrita Das）、克里斯汀·多纳诺（Christine D'Ornano）、德纳·霍格（Dana Hoegh）、菲奥纳·高尔福（Fiona Golfar）、哈菲查·伊斯梅尔（Hafizah Ismail）、弗拉比·莱恩·福克斯（Flappy Lane Fox）、塔尔·费恩（Tal Fane）、克莱尔·米尔福德·黑文（Clare Milford Haven）、哈里·科特罗（Harry Cotterell）、米莉·巴林（Millie Baring）、达夫娜·博

纳斯（Dafna Bonas）、彼得·莱尔德（Peter Laird）和黛博拉·哈丁（Debora Harding）。由衷感谢各位慷慨地给予我的友情。

为了保持写作流畅，我没有随文插入注释，但所有的个案、指导和研究部分的索引都可在“文献”部分相应的段落标题或章节标题下找到。其中如果有错误或遗漏的参考资料，请多见谅。

维京企鹅的团队非常棒：感谢伊莎贝尔·沃尔（Isabel Wall）、唐娜·波皮（Donna Poppy）、朱莉娅·默戴（Julia Murday）和埃玛·布朗（Emma Brown）的帮助。

对于错误与疏漏，我负全部责任。

我深爱的丈夫迈克尔，他是我所有工作的一部分，对我有无尽的耐心和鼓励，包括必要的时候笑话我和跟我一起笑。我们的孩子娜塔莎、埃米莉、索菲、本杰明，当我沉浸在这个项目中时，他们都为我提供了有深度的建议和爱的支持，我永远感激他们。

英文原版书网址：www.griefworks.co.uk。你可以在那里找到相关信息、论坛和为你提供帮助的链接。